中国甲烷管控技术发展路线图

袁 亮 黄 晶 等 著

科 学 出 版 社

北 京

内 容 简 介

甲烷是第二大温室气体，随着全球气候治理进入关键节点，实现甲烷管控的意义重大。为了深入贯彻落实中共中央、国务院关于甲烷等非二氧化碳温室气体管控的重大战略决策，做好科技支撑碳达峰碳中和相关工作，根据科技部"双碳"科技工作的统一安排撰写本书。本书介绍了甲烷管控政策体系发展，对监测、煤炭、油气、水稻、畜牧业、废弃物等领域的甲烷管控技术进行了系统评估，提出了甲烷管控技术发展目标、发展路线图和优先行动计划，为我国履行甲烷减排的国际公约和核查各缔约方甲烷减排成效提供支撑。

本书可供甲烷排放监测、管控与减排、政策研究及相关领域的研究人员、管理人员及高等院校相关专业的师生参考。

图书在版编目（CIP）数据

中国甲烷管控技术发展路线图 / 袁亮等著. -- 北京 ：科学出版社，2024.7. -- ISBN 978-7-03-079621-9

Ⅰ. X511

中国国家版本馆 CIP 数据核字第 2024SY6595 号

责任编辑：王 倩 / 责任校对：樊雅琼
责任印制：吴兆东 / 封面设计：无极书装

科学出版社 出版
北京东黄城根北街 16 号
邮政编码：100717
http://www.sciencep.com
北京厚诚则铭印刷科技有限公司印刷
科学出版社发行　各地新华书店经销
*
2024 年 7 月第 一 版　开本：787×1092　1/16
2025 年 1 月第二次印刷　印张：5 1/4
字数：150 000
定价：98.00 元
（如有印装质量问题，我社负责调换）

中国甲烷管控技术发展路线图
编委会

主　　编	袁　亮　黄　晶
副 主 编	刘　辉　贾国伟　涂庆毅　张　贤
首席作者	袁　亮　滕　飞　陈良富　周爱国　颜晓元　董红敏　高庆先
执笔作者	吴轩浩　涂庆毅　刘　强　张　莹　薛　华　夏龙龙　王　悦 刘舒乐
政策板块编写组	滕　飞　刘　强　韩颖慧　顾阿伦　陈敏鹏　马子然 彭胜攀　朱梦曳　李　湘　马占云　张巧显　王顺兵 何　正　李堂军　刘　贝
监测板块编写组	陈良富　张　莹　刘银年　李少萌　张永光　陈辉林 谢品华　张美根　张羽中　王志宝　陶金花　郑　博 胡　迈　刘书锋　高文康　李佳霖　韩天然　符书辉 贾国伟　国佳旭　史　正
煤炭板块编写组	袁　亮　涂庆毅　桑树勋　王　凯　薛　生　刘　辉 刘文革　周爱桃　杨君廷　郑晓亮　韩甲业　李姗姗 刘　统　郑苑楠　郭庆彪　许　邦　张家林　冯飞胜
油气板块编写组	周爱国　薛　华　李　政　董绍华　翁艺斌　袁　波 贺红旭　左丽丽　刘双星　王玉希　孙　铄　冯祥淞 王　震　于　航　田　望　张　望　揭晓蒙　任大中

水稻板块编写组 颜晓元 夏龙龙 张广斌 魏志军 庄明浩 王 斌

王 辉

畜牧业板块编写组 董红敏 王 悦 朱志平 魏 莎 杨 念 潘 铖

废弃物板块编写组 高庆先 刘舒乐 马占云 刘建国 周可人 高文康

耿瑾泽 高 东 唐晓雪 蒋红与 王文恺 孟林君

杨 帆 刘家琰 朱明山

目　　录

摘　　要

甲烷是仅次于二氧化碳的第二大温室气体。甲烷排放管控兼具温室气体减排、促进能源资源化利用、污染物控制协同、保障安全生产、提升粮食和能源安全等多方面的社会、经济、环境与健康效益。IPCC 第六次评估报告表明，实现《巴黎协定》的 1.5℃温升目标需要在 2030 年之前将全球甲烷排放减少 33%，实现 2℃温升目标需要减排 20%。由于甲烷大气寿命短、温室效应强的特点，甲烷管控减排具有快速、显著地减缓全球温升的气候效益。

目前，甲烷管控技术受到了各国的高度关注，在 2023 年第二十八次缔约方会议（COP28）达成的"阿联酋共识"中，各国进一步强调了加速甲烷等非二氧化碳温室气体的减排。近年来，中国进一步加强了甲烷排放的管控力度。2021 年，在《国民经济和社会发展第十四个五年规划和 2035 年远景目标纲要》和《中共中央 国务院关于完整准确全面贯彻新发展理念做好碳达峰碳中和工作的意见》中，明确提出要加强甲烷等非二氧化碳温室气体排放管控。2022 年，科技部等 9 部门印发《科技支撑碳达峰碳中和实施方案（2022—2030 年）》，将非二氧化碳温室气体减排技术能力提升行动作为十大行动之一。2023 年，生态环境部等发布《甲烷排放控制行动方案》，成为我国第一份全面、专门的甲烷控制政策。并在《中美格拉斯哥联合宣言》和《中美阳光之乡声明》的框架下，中美两国在甲烷减排领域展开合作。

为深入贯彻落实中共中央、国务院关于甲烷等非二氧化碳温室气体管控的重大战略决策，做好科技支撑碳达峰碳中和相关工作，根据科技部双碳科技工作的统一安排，中国 21 世纪议程管理中心负责组织研究与编制《碳中和技术发展路线图》，"甲烷管控技术发展路线图"作为其中的重要组成部分，对监测、煤炭、油气、水稻、畜牧业、废弃物等领域的甲烷管控技术进行了系统评估。

《甲烷排放控制行动方案》中明确提出了我国将加强甲烷监测、核算、报告和核查体系建设作为首项重点任务。因此，本书开展了我国甲烷监测检测技术评估，提出了甲烷监测检测技术发展目标、技术发展路线图和优先行动计划，为我国甲烷减排的国际履约和核查各缔约方甲烷减排成效提供支撑。目前，我国甲烷监测技术包括卫星监测、航空监测、原位监测、浓度和排放反演、甲烷源库与排放监测预警技术等。

当前，煤炭和油气、农业稻田和畜牧业、城市生活垃圾和废水是我国甲烷排放的三大来源，相应的甲烷管控技术发展也较为成熟，通过源头减量—过程控制—末端处置—综合利用的技术链条进行全流程管控。本书对相应技术的创新就绪度、减排潜力、国际比较做了综合分析。在源头减量中，煤炭领域在煤矿瓦斯抽采、关闭煤矿瓦斯减排等方面开展了大量理论与技术研究，并广泛应用于煤炭甲烷减排、减灾与利用的工程实践，已取得了良好的经济和社会效益；在油气领域，世界各大国际石油公司都认识到甲烷排放的环境问题，中国油气行业开始广泛采用井柱塞气举、设备电气化改造、零散排放源消除技术，从源头上减少甲烷排放；在水稻领域，形成了水分管理、有机物料管理、品种优化等技术；在畜牧业领域，形成了日粮组成优化、粗饲料质量提升、饲料添加剂调节等饲料提升技术。在过程控制中，油气行业采取了密闭流程改造、泄漏检测与修复、装置工艺优化技术减少甲烷排放，畜牧业与废弃物领域采用了有机固体废弃物堆肥处理实现甲烷减排。在末端处置过程中，甲烷分离提纯、甲烷回收、有机废水厌氧消化技术受到了关注。在综合治理及利用中，甲烷发电、甲烷蓄热氧化、甲烷直接燃烧利用、甲烷制甲醇、稻田复合种养、有机废弃物厌氧发酵产沼气、厨余垃圾制备有机酸、老旧填埋场存量整治等甲烷管控技术得到发展和应用。

在未来技术发展目标与路径方面，研究提出了各领域到 2025 年、2030 年、2060 年的技术发展目标。监测领域提出到 2025 年构建基于现有卫星的甲烷监测技术体系，通过综合示范应用，尽快形成对欧美甲烷超级排放的监测预警及溯源基本应用能力，为中国甲烷气候谈判提供科学数据支撑；2030 年实现全球甲烷组网观测，点源排放实时预警；2060 年构建甲烷排放智能监测预警技术体系，实现对全球甲烷排放的即时监测预警响应。煤炭领域提出了 2025 年减排优化，2030 年减排加速，2060 年近零排放的目标。油气领域提出了 2025 年力争单位天然气产量甲烷排放强度接近 0.25%，2030 年单位天然气产量甲烷排放强度进一步降低，2060 年基本实现净零排放，油气生产过程甲烷平均排放强度达到同行业世界一流水平的发展目标。水稻领域提出了 2025 年稻田甲烷减排优化，2030 年稻田甲烷减排加速，2060 年稻田甲烷全面减排的目标。畜牧业领域提出了 2025 年前为减排优化期，2025年畜禽粪污综合利用率达到 80% 以上，2030 年前为减排加速期，2030 年畜禽粪污综合利用率达到 85% 以上，2060 年前为全面减排期，2060 年单位畜产品的甲烷排放强度达到发达国家水平，畜禽废弃物实现最大化资源化利用。废弃物领域提出了 2025 年大幅度提升填埋场的甲烷收集率、降低甲烷无组织排放，2030 年填埋气甲烷含量降至 2%，2060 年实现污废水和有机固废能源资源全面回收利用的技术发展目标。

针对以上技术发展目标，各领域提出了相应技术的详细发展路径与优先行动方向。监测和共性研究提出了构建甲烷天空地立体监测技术体系并开展示范应用、研发先进卫星载荷实现全球甲烷排放核查优先方向。甲烷减排基础研究可以围绕甲烷形成及氧化机理、甲烷温室效应机理、甲烷温室效应跨时空演变规律、甲烷氧化菌等微生物作用机理、甲烷减排与二氧化碳减排耦合温控效应评估、全球甲烷自然源与人为源长期跟踪与判别等开展。甲烷管控颠覆性技术研究包括了利用人工智能技术赋能甲烷多源数据分析、减排传感器部署、空气直接捕集甲烷前沿技术等。煤炭领域的优先方向包括深部、低渗煤层煤炭甲烷高效开发与智能抽采技术、低浓度、超低浓度瓦斯安全高效利用关键理论与产业化技术。油气领域的优先方向包括火炬深度熄灭工程、甲烷和挥发性有机物协同治理工程、油气甲烷系统管控工程。水稻领域的优先方向包括水稻精准控灌与品种优化协同、秸秆炭化能源化利用。畜牧业领域的优先方向包括畜禽粪便甲烷减排回收利用行动、畜禽养殖低碳减排行动。废弃物领域的优先方向包括存量填埋场综合整治行动、有机废弃物综合利用集成技术体系。

最后，针对我国未来甲烷管控技术发展，提出了以下建议：围绕甲烷管控国家重大需求，建设跨部门、跨行业的科技创新平台；加强甲烷管控技术攻关，推动管控技术链条落地；建立健全甲烷管控的全方位保障体系；加强甲烷管控国际交流与合作。

1

引　言

1.1 甲烷管控技术概述

1.1.1 管控甲烷排放受到各国高度关注

甲烷是仅次于二氧化碳的第二大温室气体,自工业革命以来,甲烷排放造成了约0.5℃的全球地表平均温升(IPCC,2021)。根据EDGAR V7.0数据库最新估计,2021年全球共排放386Mt人为甲烷,其中农业、能源、废弃物是人为甲烷排放的三大主要来源,2021年排放量分别约为164Mt、137Mt和85Mt(Crippa et al.,2022)。由于甲烷的大气寿命短,温室效应强,在100年的时间范围内,其吸收红外热辐射的潜势(全球升温潜势;GWP)是二氧化碳的29.8倍(化石燃料来源)和27.2倍(非化石燃料来源)(IPCC,2021)。因此减少甲烷排放意味着可以在短期内迅速减缓全球温升,是实现《巴黎协定》目标的重要措施。目前,甲烷管控技术受到了各国的高度关注,在COP28达成的"阿联酋共识"中,各国强调了进一步加速甲烷等非二氧化碳温室气体的减排(UNFCCC,2023)。

1.1.2 中国政府长期重视甲烷控排

中国政府长期高度重视控制甲烷排放。2020年9月,习近平主席在第75届联合国大会一般性辩论上提出了中国"双碳"目标,并多次在重大国际场合表示中国将加强甲烷等非二氧化碳温室气体管控,为甲烷控排工作做出部署。落实甲烷控排是深入贯彻习近平生态文明思想,落实党中央、国务院决策部署的重要举措。

2021年,在《国民经济和社会发展第十四个五年规划和2035年远景目标纲要》和《中共中央 国务院关于完整准确全面贯彻新发展理念做好碳达峰碳中和工作的意见》中,明确提出要加强甲烷等非二氧化碳温室气体排放管控。2022年,科技部等9部门印发《科技支撑碳达峰碳中和实施方案(2022—2030年)》,将非二氧化碳温室气体减排技术能力提升行动作为十大行动之一。2023年,生态环境部等部门发布《甲烷排放控制行动方案》,成为我国第一份全面、专门的甲烷控制政策。此外,中国还通过积极参与全球甲烷行动倡议(GMI)、石油和天然气气候倡议(OGCI)等双边或多边行动加强国际合作,并在《中美格拉斯哥联合宣言》和《中美阳光之乡声明》的框架下在甲烷减排领域开展中美合作。

1.1.3 甲烷排放需要全链条管控技术

甲烷排放需要通过源头减量—过程控制—末端处置—综合利用的技术链条进行全流程管控。源头控制技术直接削减排放源产生的甲烷排放，如通过调节施肥管理模式减少稻田土壤中甲烷的产生。过程控制则是指采取技术手段减少工艺过程中甲烷排放，如通过油气泄漏检测与修复技术减少生产过程中的甲烷逃逸。末端处置是指采取回收、燃烧等方式减少尾气、放空气等难以消除的排放源，如油气领域的固定排放源回收等。综合利用是指通过技术手段将捕集的甲烷排放转化为其他天然气产品或化工产品。除以上技术链条外，甲烷排放的统计核算、监测管理技术可以为政策制定、进展评估、减排技术应用提供数据基础，也是实现甲烷管控的基础性支撑技术。

1.2 发展甲烷管控技术的重要意义

甲烷排放管控兼具温室气体减排、能源资源化利用、污染物控制协同及减少安全事故等多方面效益。首先，甲烷管控技术是短期内应对气候变化的有效手段。IPCC 第六次评估报告表明，实现《巴黎协定》的 1.5℃温升目标需要在 2030 年之前将全球甲烷排放减少 33% [19%～57%]，实现 2℃温升目标需要减排 20% [1%～46%]（IPCC，2021）。由于甲烷大气寿命短、温室效应强的特点，管控甲烷排放具有快速、显著减缓全球温升的气候效益。研究表明，甲烷管控将有助于减缓全球温升，特别是降低峰值温度。迅速采取技术可行的减排措施可以在本世纪中期减缓全球变暖约 0.25℃（Ocko et al.，2021）。

甲烷管控技术可以促进能源资源化利用及行业绿色发展，具有显著的经济效益。甲烷是天然气的主要成分，也是优质清洁的燃料和工业原料。回收利用甲烷可以减少能源浪费、提升能源安全，带来显著的经济效益。能源等领域的甲烷减排成本相对较低，被认为是温室气体减排的"低垂果实"(Lucas et al.，2007)。此外，甲烷管控技术的发展也能促进能源、农业、废弃物管理等行业的绿色低碳转型，并创造高质量的就业岗位，有助于促进经济高质量发展。

甲烷管控技术可以协同控制其他污染物排放，兼具环境和健康效益。一方面，甲烷排放往往与其他污染物排放同根同源，甲烷管控技术也有助于控制其他伴生污染物的排放，如回收利用垃圾填埋气可以控制填埋场恶臭、控制油气甲烷泄漏可以协同控制油气挥发性有机物排放等。另一方面，甲烷也是地表大气臭氧形成的前体物之一，通过控制甲烷排放可以协同降低大气臭氧浓度，避免大气臭氧间接导致的哮喘、肺水肿、癌症、过早死亡等健康损害。

对甲烷排放进行管控有助于保障安全生产，提升粮食和能源安全。甲烷是一种灾害气体，在与一定比例的空气混合时会成为爆炸危险源，从而危害生产安全。通过监测矿井瓦斯浓度、抽采矿井瓦斯等甲烷管控措施，可以有效控制瓦斯爆炸和煤与瓦斯突出等瓦斯事故，保障生产安全。此外，稻田水分管理等甲烷管控技术不仅可以控制稻田甲烷排放，也可以提高水稻产量，有助于保障粮食安全。能源、农业及废弃物等领域的甲烷回收利用技术也有助于资源节约，保障能源安全。

2

国内外甲烷管控现状

2.1 国际甲烷管控概况

2.1.1 管控措施

1992 年联合国环境与发展会议通过了《联合国气候变化框架公约》（UNFCCC），该公约于 1994 年正式生效，公约最终目标是将大气中温室气体的浓度稳定在防止气候系统受到危险的人为干扰的水平上。甲烷排放管控是实现这一目标的重要基础，1997 年在《京都议定书》中甲烷被明确纳入需减排的六大温室气体目录，2015 年《巴黎协定》以来，甲烷减排要求进一步得到加强。第二十六次缔约方会议（COP 26）标志着全球甲烷控排进入新阶段，甲烷控排目标逐渐从部分国家和个别部门向全球和全行业扩展。目前，大约 90%的国家自主贡献（NDC）中包括了甲烷控排目标或措施。全球政策重点也从安全生产、资源利用、污染物控制视角向温室气体控排转变。但研究表明，全球甲烷控排仍然面临统计监测基础较为薄弱、控排政策体系尚不完善等问题，当前全球各国的甲烷直接管控政策仅覆盖全球甲烷排放量的约 13%（Olczak et al.，2023）。

当前全球甲烷排放清单数据仍然具有较大不确定性（IPCC，2022），各国甲烷排放的监测、报告和核查（MRV）技术与能力仍有待提高。欧盟委员会发布的《欧盟甲烷战略》将改进甲烷排放的监测和报告作为优先事项。北美各国则着力于推动标准体系建设，在油气行业甲烷监测等方面作出了详细规定。发展中国家普遍面临统计监测基础薄弱的挑战。

据 EDGAR V7.0 数据库估计，2021 年全球煤炭甲烷排放量为 51Mt（Crippa et al.，2022）。世界主要产煤国均十分关注矿井安全及瓦斯的资源化利用，并在瓦斯防治的基础上积极推动煤矿甲烷控排。尽管美欧、澳大利亚等发达国家和地区逐渐重视煤炭甲烷的减排，但国际上现有的煤炭甲烷管控政策数量仍然较少（Olczak et al.，2023），将煤矿甲烷作为温室气体管控的政策力度仍有待加强。

2021 年全球油气甲烷排放量约为 73Mt（Crippa et al.，2022）。油气行业是国际甲烷减排多边合作和倡议的重点领域。针对油气行业的甲烷减排，国际上已经建立了全球、国家、地区以及行业多层面的合作机制，如油气行业气候倡议组织（OGCI）、石油和天然气脱碳宪章（OGDC）、全球甲烷行动倡议（GMI）等。但目前全球在油气领域的国际合作大多是自愿形式，并不具备法律约束力。

2021 年全球农业甲烷排放量约为 164Mt，其中水稻种植排放甲烷约 37Mt，畜禽养殖排放甲烷约 125Mt（Crippa et al.，2022）。在全球层面，农业甲烷减排与粮食生产及粮食安全关系密切，因而发达国家更强调以自愿性方法或补贴为代表的经济工具而非强制减排，农业减排目标也多是定性目标而非定量目标。在畜禽养殖领域，尽管肠道发酵排放是甲烷排放的来源，但由于其与粮食安全目标关系紧密，控排政策较少。而与粮食安全目标冲突较小的粪便管理则受到更多的政策关注（Olczak et al.，2023）。

2021 年全球废弃物领域甲烷排放量约为 85Mt（Crippa et al.，2022）。发达国家主要通过自愿行动等方式以实现废弃物的资源化利用，如美国通过垃圾填埋场甲烷减排拓展计划加强垃圾填埋气收集利用。此外，污染源排放标准是各国控制废弃物甲烷及污染物排放的主要手段。现有废弃物甲烷管控措施主要针对固体废弃物，而对污水处理的甲烷减排关注较少（Olczak et al.，2023）。

2.1.2 管控技术

全球温室气体浓度资料主要来自全球大气监测（GAW）计划，包括地面观测体系、航空观测体系、卫星观测体系和综合观测体系四大子系统。此外，国外 GOSAT、TROPOMI 等卫星是最常用的甲烷天基观测平台。近年来，点源探测高光谱卫星和传感器井喷式发展，多个国家和公司开展了相关研究。

国际煤矿瓦斯管控正在向精准化、数字化、智能化与低碳化的技术体系发展。美国、澳大利亚为代表的产煤大国建立了煤层气高效勘探、开采、利用技术体系。德国、英国等实现煤炭产业转型发展的国家则关注关闭矿井瓦斯评价、抽采、阶梯利用技术。

国际油气领域采用了扩大泄漏检测和修复（LDAR）作业等多类管控技术。LDAR 是国际油气行业管控泄漏的最直接措施，利用卫星和空中监测排查超级排放源并加以修复也得到发展，低排放设备的安装和替代是国际采用的另一关键技术类别。

国际水稻种植主要以优化稻田水分管理、有机物料还田等轻简化稻田甲烷管控技术为主，其中稻田水分管理是优良措施之一。针对畜牧肠道发酵排放的国际减排技术主要包括三类：动物和饲喂管理、饮食调控和瘤胃发酵的直接调控。粪便甲烷减排技术包括畜舍和粪便管理两个阶段。

发达国家通过垃圾分类和收集实现减量化，建立了较为完善的垃圾分类和管理制度。此外，发达国家形成了以焚烧为主的固废处理方式。国际上同时通过提升垃圾处理技术、优化污水处理工艺、回收有机物能量等技术减排有机废弃物处理甲烷。此外，新型固体废弃物处理技术，如机械生物预处理、现代高效厌氧消化、热解法、气化法等得到研究。

2.2　中国甲烷管控概况

2.2.1　管控措施

在 UNFCCC 正式生效前（1994 年），中国就已在多个领域采取措施直接或间接管控甲烷排放。例如，中国自 20 世纪 50 年代起探索煤矿瓦斯管控，60~70 年代开展农村沼气利用，80 年代起大力推广稻田排水烤田等水分管理技术，90 年代在油气领域推广挥发气回收、在废弃物领域提出减量化和资源化的发展要求。长达数十年的管控经验为中国采取全面化的甲烷管控措施奠定了基础。

在 1992 年联合国环境与发展大会后，中国于 1994 年率先制定了《中国 21 世纪议程》，提出研究减少甲烷排放的途径，成为全球第一个国家级的可持续发展战略。之后，中国在甲烷排放各有关领域制定了多项直接或间接管控甲烷排放的国家战略、政策或法律。2007年，《中国应对气候变化国家方案》提出了农业、煤炭及废弃物等多个领域的甲烷控排行动与措施。自 2020 年"双碳"目标提出以来，我国甲烷管控进入加速期。2023 年《甲烷排放控制行动方案》印发，成为中国第一份全面、专门的甲烷排放控制政策性文件。此外，中国还通过积极参与全球甲烷行动倡议、石油和天然气气候倡议等双边或多边行动加强国际合作。

在甲烷监测方面，从 2001 年开始，中国就已经开始对煤矿瓦斯展开监测工作。2001年发布的《煤矿安全规程》规定，高瓦斯矿井和煤与瓦斯突出矿井必须装备煤矿安全监控系统。2011 年编制的《省级温室气体清单编制指南》中纳入了甲烷排放的估算和报告方法学。2020 年"双碳"目标提出以来，中国持续加强甲烷监测、报告和核查体系建设，提出探索重点行业、重点区域、试点城市、关键点源的排放监测。在 2023 年发布的《甲烷排放控制行动方案》中，我国强调要进一步加强甲烷排放检测、报告和核查体系建设。

2018 年，中国煤炭甲烷排放量约为 25.122Mt[①]。自 20 世纪 50 年代到 70 年代，中国即着眼于减少瓦斯安全事故并开始了井下瓦斯抽放工作，为中国煤矿瓦斯管控积累了原始经验。2005 年，国务院成立煤矿瓦斯防治部际协调领导小组，采取综合治理措施，逐渐建立完善了瓦斯灾害气体管控体系。2006~2021 年，中国相继出台推动煤层气勘探开发的政策，推动煤矿瓦斯的资源化利用。2020 年，中国首次提出煤炭甲烷温室气体排放管控，将煤炭瓦斯管控与安全、环保和气候等要求结合，并将煤炭甲烷管控列入 2023 年《甲烷排放控制行动方案》，成为甲烷管控的重要抓手。

2018 年，中国油气行业甲烷排放量约为 1.879Mt[②]。自 20 世纪 90 年代起，中国就开始大力推广油罐挥发气回收技术，对油气甲烷排放进行管控。2010 年，中国石油制定《绿色发展行动计划》（1.0 版），实施火炬管控计划，并将甲烷排放纳入监测、统计体系。2015 年，中国石油加入油气行业气候倡议组织（OGCI），开展甲烷减排行动并开展甲烷减排行动及参与国际合作。2021 年中国油气企业甲烷控排联盟成立，承诺力争 2025 年成员企业天然气上游甲烷强度降到 0.25%以下。

2018 年，中国农业甲烷排放量约为 23.846Mt，其中畜牧业肠道甲烷排放 10.841Mt，粪便管理甲烷排放 3.461Mt，水稻甲烷排放 9.329Mt[③]。早在 20 世纪 60~70 年代，我国四川和陕西就开展了农村沼气利用技术的开发，实现了农业甲烷的资源化利用。2001 年，《畜禽养殖业污染物排放标准》发布，对畜牧粪便管理和污染物排放提出要求。在稻田甲烷方面，自 20 世纪 80 年代开始大力推广的排水烤田、间歇灌溉等技术在提升粮食产量的同时促进了甲烷排放管控。20 世纪 90 年代，随着沼气利用技术的推广，秸秆等有机物料的堆腐再还田技术得到应用。《"十四五"全国农业绿色发展规划》提出了到 2025 年主要农产品温室气体排放强度大幅降低、打造绿色低碳农业产业链的政策目标。农业农村部发布的《农业农村减排固碳十大技术模式》《农业农村减排固碳实施方案》等政策文件提出了农业

---

①~③ 生态环境部. 2023. 中华人民共和国气候变化第三次两年更新报告. https://www.mee.gov.cn/ywdt/hjywnews/202312/W020231229717236049262.pdf.

减排相关技术模式与重大行动。2023 年《甲烷排放控制行动方案》进一步强调科学、有序地控制农业各来源甲烷排放。

2018 年我国废弃物甲烷排放量约为 7.622Mt[①]。我国长期重视废弃物减量化资源化发展，并较早提出甲烷控排的要求。1996 年颁布的《中华人民共和国固体废物污染环境防治法》明确了减少固体废物的产生、充分合理利用固体废物和无害化处置固体废物的原则。随后，《中华人民共和国循环经济促进法》（2008 年）、《城镇污水处理厂污泥处理处置及污染防治技术政策（试行）》（2009 年）等文件均确立了废弃物减量化资源化的发展要求。"双碳"目标提出以来，《第十四个五年规划和 2035 年远景目标纲要》（2021 年）、《减污降碳协同增效实施方案》（2022 年）等强调构建处置和监测监管于一体的环境基础设施体系，加大甲烷等温室气体控排。2023 年发布的《甲烷排放控制行动方案》进一步强调要构建污染物与甲烷协同控制的治理体系。

2.2.2 管控技术

我国持续加强甲烷监测、核算、报告和核查体系建设。传统的甲烷监测依赖于地面设备和人工巡检。近些年，红外热成像、无人机和搭载探测一体的移动车辆在甲烷泄漏检测方面得到应用。我国还先后发射了卫星搭载温室气体探测仪器或高光谱相机等用于定量监测反演尺度空间范围的甲烷排放，并正在进行下一代甲烷卫星的论证。

我国煤层地质构造和煤层赋存条件复杂，瓦斯抽采难度大、抽采浓度低，瓦斯利用困难。结合我国煤层地质条件和资源禀赋现状，经过数十年发展，我国已形成保护层开采、松动爆破、水力化致裂等较成熟的强化抽采技术。近年来，微波辐射、液氮冷侵等增透新技术得到发展。甲烷高效抽采技术逐渐具备大范围、精准化和智能化的特征。在瓦斯利用方面，目前，我国低浓度甲烷利用技术已进入市场化阶段；超低浓度利用技术尚未规模化推广；乏风瓦斯氧化技术处于初级应用阶段。

近年来，中国油气行业在甲烷监测、修复与减排、数据分析与管理等方面都取得了较大进步。近年来，中国大力推广油田伴生气和气田试采气回收等技术。"十三五"期间，

---

① 生态环境部. 2023. 中华人民共和国气候变化第三次两年更新报告. https://www.mee.gov.cn/ywdt/hjywnews/202312/W020231229717236049262.pdf.

依托《国家中长期科学和技术发展规划纲要（2006—2020 年）》确定的"大型油气田及煤层气开发"重大专项，形成国际先进的煤层气/页岩气开发逸散气和放空气回收处理技术。在修复与减排方面，采用高效的维修团队和流程，确保一旦检测到泄漏，能够迅速响应并解决。此外，一些先进的设备和系统逐渐替换了老旧设备和系统。

我国水稻种植甲烷控排技术主要包括加强节水管理、秸秆综合利用等。2022 年印发的《农业农村减排固碳实施方案》强调因地制宜推广稻田水分和施肥管理相关技术，推广有机肥腐熟还田技术，选育高产低排品种，同时统筹中央和地方各级力量，优化稻田监测点位设置，推动构建科学布局、分级负责的监测评价体系。《甲烷排放控制行动方案》中"推进农业领域甲烷排放控制"模块再次强调以水稻主产区为重点，强化稻田水分管理，因地制宜推广稻田节水灌溉技术，缩短稻田厌氧环境时间，减少单位稻谷甲烷产生和排放；改进稻田施肥管理，推广有机肥腐熟还田；选育推广高产、优质、节水抗旱水稻品种，示范好氧耕作等关键技术，形成高产低排放水稻种植模式，从而有序推进稻田甲烷排放控制。畜牧业方面，肠道甲烷管控主要依靠日粮调整相关技术，而对于添加剂等技术进行了相关研究但并未推广应用；粪便管理相关技术得到了较为广泛的应用，包括粪便好氧发酵、厌氧发酵甲烷回收利用等。

我国近年来垃圾分类处理在全国 237 个城市积极实行，在北京、上海、广州等大城市已经初显成效。在固体废弃物处理方面，我国形成了焚烧为主的固体废弃物处理格局。此外，填埋场生物覆盖层、机械生物预处理等技术也得到发展。在废水处理方面，已经较为成熟的废水处理甲烷减排技术主要有污水处理零排技术、新型节能型生物脱氮工艺和两相厌氧发酵系统等。

3

甲烷管控技术评估

3.1 监测技术评估

甲烷监测对甲烷排放控制与环境保护具有重要意义，但甲烷排放源和设施类型多样、排放率范围和时间变异性大，使甲烷排放检测和监测具有挑战性。联合国环境规划署（UNEP）于 2021 年成立国际甲烷排放观测站（IMEO），次年在埃及举办的《联合国气候变化框架公约》第二十七次缔约方大会（COP27）上推出了甲烷警报和响应系统（MARS）。该系统利用现有的一组公共地球观测卫星，在全球范围内探测、定位和确定大型排放源，并将卫星探测到的甲烷排放信息通过透明通知以促进地面减排工作。2023 年 11 月，中国发布《甲烷排放控制行动方案》明确提出了将加强甲烷监测、核算、报告和核查体系建设作为首项重点任务。因此开展我国甲烷监测检测技术评估，提出甲烷监测检测技术发展目标、技术发展路线图和优先行动计划，能够为我国甲烷减排的国际履约和对各缔约方甲烷减排成效核查提供技术发展路线指导。

3.1.1 甲烷卫星监测技术

3.1.1.1 甲烷卫星监测技术介绍

卫星载荷主要基于短波红外的甲烷吸收波段开展甲烷探测，卫星探测包括对全球/区域尺度的甲烷浓度监测和点源/设施尺度甲烷排放异常监测。

（1）区域甲烷探测卫星载荷技术

区域甲烷浓度探测载荷技术主要包括傅里叶红外光谱技术（FTIR）、差分吸收激光雷达技术（DIAL）、激光外差光谱技术（LHS）、空间外差光谱技术（SHS）等。我国 2017 年发射的风云三号 D 星（FY-3D 卫星）搭载的近红外高光谱温室气体监测仪（GAS）载荷采用 FTIR 技术，在近红外波段的光谱分辨率达到 0.27 cm^{-1}。2018 年与 2021 年分别发射的高分五号（GF-5）卫星与 GF-5（02）星搭载的温室气体探测仪 GMI/GMI-2 载荷首次采用 SHS 技术，可以获取 759～2058 nm 范围光谱。

甲烷排放通量反演要求输入精度高的区域甲烷浓度，浓度探测载荷需具有高信噪比和较高的探测频次。GMI 载荷具有高光谱分辨率和高信噪比，但点式采样过于稀疏，空间覆盖小；国际上目前欧盟哨兵五号卫星 Sentinel-5P 具有全球覆盖能力，日本温室气体 GOSAT 卫星具有较高精度。

（2）点源甲烷排放探测卫星载荷技术

甲烷排放点源或在空间上聚集可产生 0.1～1km 规模的羽流，点源探测需要载荷具有高空间分辨率（＜60m＝。GF-5 卫星和 2022 年 12 月发射 GF-5（01A）卫星上搭载的具有高空间分辨率的高光谱相机（AHSI），在 0.4~2.5μm 光谱范围内具有 330 个波段。国际上具有类似探测载荷主要有加拿大 2016 年发射的甲烷卫星星座 GHGSat，以及美国宇航局在国际空间站上搭载的地球表面矿物粉尘源调查（EMIT）载荷和欧盟 Sentinel2/3 卫星载荷具有甲烷高空间分辨率探测能力。甲烷载荷分光方式主要有滤光片型分光、棱镜色散型分光、光栅衍射型分光等，其中光栅衍射型分光是普遍的选择。

甲烷卫星监测技术的技术创新就绪度、技术减排潜力和国际比较如表 3-1 所示。

表 3-1　甲烷卫星监测技术的技术创新就绪度、技术减排潜力和国际比较

技术名称	技术创新就绪度	技术减排潜力	国际比较
甲烷卫星监测技术	8 级	目前卫星载荷主要是基于短波红外的甲烷吸收波段开展甲烷探测，对全球/区域的甲烷浓度进行高精度监测，对点源/设施尺度甲烷排放异常进行监测，两种载荷探测精度均达到国际先进水平	跟跑

3.1.2　甲烷航空监测技术

航空观测通常泛指利用固定翼飞机作为观测平台，使用在线或离线及遥感设备进行大气甲烷测量。

甲烷航空原位测量早期主要采用罐来收集飞行过程中特定位置的离散样品，并在完成航测后进行离线检测，因携带采样罐数目限制了航空原位测量的空间分辨率。随着各种甲烷在线分析仪器的搭载应用，大气甲烷航空原位空间分辨率测量需求基本得到满足。甲烷航空遥感观测主要使用光学成像和中红外差分吸收激光雷达技术。

我国目前没有专用的集成有甲烷测量的飞机平台。"十三五"期间，科技部大气污染成因与控制技术研究重点专项形成大气气态污染物和温室气体航空原位测量技术成果，并制

定了《固定翼通用航空平台大气气态污染物航空原位测量技术指南》。

甲烷航空监测技术的技术创新就绪度、技术减排潜力和国际比较如表 3-2 所示。

表 3-2 甲烷航空监测技术的技术创新就绪度、技术减排潜力和国际比较

技术名称	技术创新就绪度	技术减排潜力	国际比较
甲烷航空监测技术	6 级	基本满足大气甲烷航空原位测量需求	并跑

3.1.3 甲烷原位监测技术

原位观测分为物理方法和化学方法，其中物理方法包括气相色谱法和光谱法。化学方法包括电化学传感器、半导体型传感器和催化燃烧式传感器。按照精度水平，甲烷分析设备可分为高精度（<1ppb）、中精度（1～100ppb）和低精度（>100ppb）三类。目前大气甲烷高精度和中精度在线观测多采用光谱法，中精度和低精度多采用化学方法。高精度测量技术包括多重反馈/反射的光腔衰荡光谱技术（CRDS）、离轴积分腔输出光谱技术（OA-ICOS）、光反馈腔增强吸收光谱法（OF-CEAS）。

甲烷排放点源和面源监测技术，包括表面通量箱法、微气象学法、示踪气体扩散法和高塔监测等。我国气象部门建立了 7 个甲烷背景浓度监测站，生态环保部门正在城市开展包括甲烷的温室气体监测试点工作。

甲烷地基遥感技术主要包括激光外差光谱技术（LHS）、差分吸收光谱技术（DOAS）、差分吸收雷达技术（DIAL）和傅里叶红外光谱技术（FTIR）等。目前，基于 FTIR 技术的全球碳柱总量观测网（TCCON）在中国境内仅有合肥与香河两个 TCCON 标准站。

甲烷原位监测技术的技术创新就绪度、技术减排潜力和国际比较如表 3-3 所示。

表 3-3 甲烷原位监测技术的技术创新就绪度、技术减排潜力和国际比较

技术名称	技术创新就绪度	技术减排潜力	国际比较
甲烷原位监测技术	13 级	甲烷原位技术在排放量大的能源领域应用较多,中低精度甲烷检测仪已形成成熟技术和装备体系	并跑

3.1.4 甲烷浓度和排放反演技术

（1）甲烷浓度反演技术

大气甲烷浓度物理反演方法包括代理算法、差分光学吸收光谱算法、光子路径长度概率密度函数算法和全物理反演算法（亦称最优化算法）。目前高精度浓度反演受云、气溶胶与地表反射率影响较大，是今后改进方向。

（2）甲烷点源识别检测技术

基于星载/机载成像光谱仪观测获取的光谱信号转换为甲烷柱浓度异常信号，然后基于自动或半自动检测方法提取甲烷排放羽流，实现对甲烷异常排放的识别检测。甲烷点源检测方面需要充分挖掘现有环境卫星 2 号（HJ-2A/2B）搭载的 AHSI 载荷、GF5-01/02 星搭载的 VIMS 载荷的监测潜力。

（3）甲烷排放通量反演技术

排放反演指基于大气浓度观测来量化国别或区域内气体排放通量的技术，也称为"自上而下"方法。IPCC 推荐使用该方法作为温室气体国家清单的第三方验证手段。

基于甲烷浓度同化反演甲烷通量需要的甲烷模拟技术存在两方面问题：甲烷全球模式普遍存在传输误差，尤其是粗分辨率下对流层垂直对流传输、平流层水平传输误差；甲烷高空间分辨率区域模式中缺乏甲烷的氧化去除和平流层-对流层交换过程。

甲烷浓度和排放反演技术的技术创新就绪度、技术减排潜力和国际比较如表 3-4 所示。

表 3-4　甲烷浓度和排放反演技术的技术创新就绪度、技术减排潜力和国际比较

技术名称	技术创新就绪度	技术减排潜力	国际比较
甲烷浓度和排放反演技术	7 级	甲烷区域和点源浓度反演基础理论和技术框架都较为成熟，但目前国内监测技术链整合度低，国际影响力不足	跟跑

3.1.5 甲烷排放源数据库与排放监测预警应用技术

（1）甲烷排放源数据库技术

甲烷设施源库存储甲烷设施排放源位置、类型、所属企业、状态等基本信息的数据库，

涉及甲烷排放源数据的采集、处理、存储、管理等技术。全球尺度甲烷排放源数据库构建方法有人工调查采集、数据集成方法和卫星遥感方法。国际上，美国国家能源技术实验室和美国环保协会于 2018 年发布了"全球油气设施数据库"（Global Oil and Gas Infrastucture Inventory），2023 年美国环保协会发布了"油气设施分布图库"（Oil and Gas Infrastructure and Mapping Database）。

（2）甲烷排放监测预警应用技术

甲烷排放预警主要采用卫星高空间分辨率监测技术实现。国际甲烷排放观测组织（IMEO）建立了甲烷警报及响应系统（MARS），该系统通过卫星对甲烷点源排放异常识别及甲烷源库确定甲烷排放源并发出警报。

城市及设施级尺度甲烷排放预警平台的甲烷监测主要使用飞机、无人机搭载甲烷探测仪、车载甲烷探测仪、地面多光谱相机、多传感器网络等技术手段，该尺度预警系统需结合城市及设施特点进行定制。卫星监测预警与国内城市及设施尺度甲烷排放预警系统需加强关联。

甲烷排放源数据库与排放监测预警应用技术的技术创新就绪度、技术减排潜力和国际比较如表 3-5 所示。

表 3-5　甲烷排放源数据库与排放监测预警应用技术的技术创新就绪度、技术减排潜力和国际比较

技术名称	技术创新就绪度	技术减排潜力	国际比较
甲烷源库与排放检测预警应用技术	7 级	卫星监测预警与国内城市及设施尺度甲烷排放预警需加强关联	并跑

3.2　源头管控技术评估

3.2.1　煤炭瓦斯抽采技术

煤炭瓦斯抽采实现了采前预抽、采中抽采及采空区抽采，形成了"规划区、准备区、生产区"三区联动井上下立体抽采模式。国内学者创新提出了煤与瓦斯共采理论与技术体系，并成功应用了巷道法煤与瓦斯共采、地面钻井法煤与瓦斯共采、无煤柱法煤与瓦斯共采等先进技术，同时发展了采空区插管埋管瓦斯抽采技术。

瓦斯抽采技术手段包括：①巷道法煤与瓦斯共采技术，包括：煤层群/单一煤层条件高抽巷与底抽巷穿层抽采瓦斯技术；煤层群/单一煤层条件顺层抽采瓦斯技术；定向长钻孔抽采瓦斯技术，通过千米钻机打动态定向钻孔后通过长时间预抽有效降低煤层瓦斯含量，定向精度高、钻速快的特点；以孔代巷抽采瓦斯技术，将高位大直径钻孔布置在靠近回风巷侧 O 型圈内，实现顶板裂隙带内瓦斯的稳定高效抽采，目前，该项技术已在我国晋城、阳泉、淮南等矿区煤层瓦斯抽采中进行应用。②地面钻井法煤与瓦斯共采技术，从地面向地下开采煤层打垂直钻孔，再向煤层打单分支/多分支水平井，施工简单，不影响煤炭回采，实现全过程抽采控制，需考虑适用性因素如煤层可采资源量、水文地质条件、井眼稳定性、地形地貌条件。该技术主要分为两大类：第一类是地面钻井预抽煤层瓦斯技术及以其为基础发展的井上下联合抽采技术，该类技术在晋城矿区得到了广泛应用；第二类是采动区地面钻井卸压瓦斯抽采技术，该类技术在淮南矿区得到了广泛应用。此外，结合两类技术的特点，在条件允许的地区可实施"一井多用"技术，但此类技术尚处于发展过程中。③无煤柱法煤与瓦斯共采技术，其特点在于采用在留巷内布置上下向高低位抽采钻孔直达卸压瓦斯富集区域，实现连续抽采卸压瓦斯与综采工作面采煤同步进行，同时解决 U 型通风方式上隅角瓦斯积聚的安全隐患。④采空区插管埋管瓦斯抽采技术，这种技术是治理上隅角瓦斯超限的常用方法。

煤炭瓦斯抽采技术的技术创新就绪度、技术减排潜力和国际比较如表 3-6 所示。

表 3-6 煤炭瓦斯抽采技术的技术创新就绪度、技术减排潜力和国际比较

技术名称	技术创新就绪度	技术减排潜力	国际比较
巷道法煤与瓦斯共采技术	13 级	以 2020 年瓦斯抽采水平，抽采利用率每提高 1%可减少 7.6 t 甲烷排放，乏风瓦斯利用率每提高 1%可减少煤矿甲烷排放 7.8 万 t	领跑
地面钻井法煤与瓦斯共采技术	13 级		领跑
无煤柱法煤与瓦斯共采技术	13 级		领跑
采空区插管埋管瓦斯抽采技术	13 级		领跑

3.2.2 煤炭强化抽采技术

煤炭强化抽采技术主要包括煤层增透技术与抽采参数人工调控技术。煤层增透技术中的松动爆破技术在煤层中引爆炸药以增加控制孔与爆破孔之间的裂隙，进而增加瓦斯流向

抽采孔的有效通道，是应用前景较好的高瓦斯低渗透煤层增透方法。水力化增透技术通过水力化设备向煤层注入高压水，使煤层产生大量裂隙来达到增透目的。瓦斯抽采二氧化碳压裂技术利用二氧化碳作为压裂介质对煤层进行压裂，增加煤层透气性，促进瓦斯释放和抽采。瓦斯抽采注气驱替技术利用注入气体改变煤层内部压力和浓度分布，促进瓦斯释放和采出。抽采参数人工调控技术通过抽采系统中实时监测的瓦斯浓度、温度、压力等参数，对抽采系统中的抽采泵站、管网阻力、孔口阀门开度等参数进行人工调控，提高瓦斯抽采效率。

煤炭强化抽采技术的技术创新就绪度、技术减排潜力和国际比较如表 3-7 所示。

表 3-7　煤炭强化抽采技术的技术创新就绪度、技术减排潜力和国际比较

技术名称	具体技术	技术创新就绪度	技术减排潜力	国际比较
煤炭	松动爆破技术	13 级	煤炭强化抽采技术目前应用范围广泛，可应用于各类型煤层开采，包括深部煤层、薄煤层、煤层气等	领跑
强化	水力化增透技术	13 级		领跑
抽采	瓦斯抽采二氧化碳压裂技术	7 级		并跑
技术	瓦斯抽采注气驱替技术	7 级		并跑
	抽采参数人工调控技术	7 级		并跑

3.2.3　关闭煤矿瓦斯减排技术

关闭煤矿瓦斯减排技术主要包括关闭煤矿瓦斯资源量估算方法、地面钻井抽采技术等。围绕关闭煤矿瓦斯资源量评估，借鉴国外关闭煤矿瓦斯资源量计算方法及试验研究成果，国内学者以"三带"发育理论及煤层气吸附/解吸理论为基础，结合实测或预测残余瓦斯压力分布等相关经验数据，对关闭煤矿瓦斯资源量估算进行研究。例如，结合体积法和物质平衡法，得出了关闭煤矿瓦斯储量计算方法；利用物质平衡法估算关闭煤矿瓦斯储量；通过钻孔解吸数据测算关闭煤矿瓦斯资源量；通过对现有的资源构造法加以增补优化，并分别加以测算，确定关闭煤矿瓦斯资源量；通过构建煤炭资源枯竭矿井井田地质模型和煤矿开拓模型，分析煤矿生产及关闭后瓦斯的运移及富集规律，提出解吸过程法与可采性分类法，估算关闭煤矿瓦斯资源量；利用瓦斯资源开发利用潜力分析模型，对影响因素进行分析，并对指标参数量化赋值后，结合模糊综合评价法，估算关闭煤矿瓦斯资源量。围绕关

闭煤矿瓦斯抽采，目前主要技术是地面钻井抽采技术，并采用专用螺杆增压机组包括真空泵、螺杆增压机等设备进行负压抽采。机组设有独立安装的油气冷却器系统，采用风冷方式，由电机单独驱动风扇运转，通过风扇将冷却器的热量带走。机组的进气流量调节根据进气压力采用变频调节，排气流量调节采用旁路自带调节。

关闭煤矿瓦斯减排技术的技术创新就绪度、技术减排潜力和国际比较如表 3-8 所示。

表 3-8　关闭煤矿瓦斯减排技术的技术创新就绪度、技术减排潜力和国际比较

技术名称	技术创新就绪度	技术减排潜力	国际比较
关闭煤矿瓦斯减排技术	6 级	该技术减排潜力巨大	跟跑

3.2.4　油气井柱塞气举技术

柱塞气举系统是游梁式举升和井内排污的替代方案，能提高气井产能，减少甲烷排放量（Ahmad et al.，2023）。柱塞气举系统利用井内积聚的气体压力将积聚流体顶出井外，柱塞作为液体和气体之间的活塞减少液体回退。通过智能自动化、在线数据管理和卫星通信等信息技术的应用，实现远程控制柱塞气举系统，进一步提高效率、降低成本。

油气井柱塞气举技术的技术创新就绪度、技术减排潜力和国际比较如表 3-9 所示。

表 3-9　油气井柱塞气举技术的技术创新就绪度、技术减排潜力和国际比较

技术名称	技术创新就绪度	技术减排潜力	国际比较
油气井柱塞气举技术	8 级	该技术在生产环节推广后，预计可贡献 1 万～3 万 t 甲烷减排量	跟跑

3.2.5　油气设备电气化改造技术

天然气采集输系统使用控制装置自动操作阀门控制压力、流量、温度和液面等。使用压缩天然气提供动力驱动控制装置（Hojat et al.，2023），即气动/气液联动装置，会一定程度上造成甲烷排放。使用电动阀或无天然气排放阀可有效减少排放，配合远程控制和监测系统可实现对阀门的状态和位置实时监控，有助于快速发现和应对任何泄漏情况。在天然气生产部门，常用三乙二醇（TEG）作为吸收液进行天然气脱水，并依靠泵使 TEG 在整个

脱水器中循环。采用电动泵代替气动泵，不会导致富 TEG 污染贫 TEG，因为电动泵仅循环贫 TEG 流；富 TEG 通过压降直接流向再生器，并且只含有溶解的甲烷和烃类。

油气设备电气化改造技术的技术创新就绪度、技术减排潜力和国际比较如表 3-10 所示。

表 3-10　油气设备电气化改造技术的技术创新就绪度、技术减排潜力和国际比较

技术名称	技术创新就绪度	技术减排潜力	国际比较
油气设备电气化改造技术	9 级	该技术在生产、运输环节推广后预计可实现 3 万～5 万 t 甲烷减排量	并跑

3.2.6　油气零散排放源消除技术

油气行业的零散排放源是指在开采、生产、运输和加工等过程中产生的不显著但累积起来可能导致较大温室气体排放的点源，可用技术包括定期设备维护和管理、设备排放气体回收等。

油气零散排放源消除技术的技术创新就绪度、技术减排潜力和国际比较如表 3-11 所示。

表 3-11　油气零散排放源消除技术的技术创新就绪度、技术减排潜力和国际比较

技术名称	具体技术	技术创新就绪度	技术减排潜力	国际比较
油气零散排放源消除技术	管道阀门、密封件类	9 级	该技术在生产环节推广后，预计可贡献 1 万～3 万 t 甲烷减排量	并跑
	安全阀类	5 级		

3.2.7　水稻水分管理技术

水稻生长季实行间歇灌溉能有效减少稻田甲烷排放。针对水稻冬水田，非水稻生长季实行排水措施可破坏甲烷产生的严格厌氧环境，大幅度降低甲烷排放。水稻生长季采用的覆膜栽培技术具有增温保墒功能，可确保水稻高产稳产，又可以显著降低甲烷排放量。

水稻水分管理技术的技术创新就绪度、技术减排潜力和国际比较如表 3-12 所示。

表 3-12 水稻水分管理技术的技术创新就绪度、技术减排潜力和国际比较

技术名称	具体技术	技术创新就绪度	技术减排潜力	国际比较
水稻水分管理技术	间歇灌溉技术	9 级	若将我国所有持续淹水稻田在水稻生长季至少排水 1 次,可减少甲烷排放 116 万 t/a,约为全国稻田甲烷排放总量的 16%;如在非水稻生长季排干冬水田,可使我国稻田甲烷排放总量减少 189 万 t/a	领跑
	水稻覆膜栽培技术	6 级		

3.2.8 水稻有机物料管理技术

将有机物料在水稻非生长季而非水稻季还田,能加快易降解有机物质分解,减弱对稻田甲烷排放的促进作用。如将有机物料集中离田后,通过钝化改性等技术制成生物炭或过腹堆沤发酵,易分解有机物质的快速炭化或腐解消耗同样会大幅降低对甲烷排放的激发效应。

水稻有机物料管理技术的技术创新就绪度、技术减排潜力和国际比较如表 3-13 所示。

表 3-13 水稻有机物料管理技术的技术创新就绪度、技术减排潜力和国际比较

技术名称	具体技术	技术创新就绪度	技术减排潜力	国际比较
水稻有机物料管理技术	有机物料炭化为生物炭还田	4 级	如将我国所有水稻秸秆炭化为生物炭还田,能显著降低我国稻田甲烷排放量 470 万 t,减排效果为 59%,与此同时提高稻田土壤碳库储量 275%	领跑
	有机物料腐熟还田	5 级		

3.2.9 水稻品种优化技术

甲烷排放与水稻植株高度成正比,和水稻生物量成反比,杂交稻的甲烷排放量比常规稻低,根系分泌物少的水稻品种有利于减少稻田甲烷排放。通过转基因技术,促使光合产物转化为水稻籽粒淀粉含量和植株茎秆生物量,从而通过减少根系分泌物来抑制甲烷产生。种植需水少、耐旱能力强的节水抗旱稻,可通过缩短土壤淹水时间抑制甲烷产生。

水稻品种优化技术的技术创新就绪度、技术减排潜力和国际比较如表 3-14 所示。

表 3-14　水稻品种优化技术的技术创新就绪度、技术减排潜力和国际比较

技术名称	具体技术	技术创新就绪度	技术减排潜力	国际比较
水稻品种优化技术	节水抗旱稻	5 级	采用节水抗旱品种能够大幅度节约灌溉水资源，且有效降低稻田甲烷排放量达 90% 以上	领跑
	高产量低排放水稻品种	4 级	高产低排品种水稻主要通过增强根系甲烷氧化能力来减少排放，总体约可降低我国稻田生态系统甲烷年排放 7%，达 54 万 t/a	

3.2.10　选育高产低排放畜禽良种

选育高产低排放品种是指挑选甲烷排放量较低的动物，通过培育、交配并产生下一代；经过数个世代的繁育之后，获得低甲烷排放的新品种，通过改变基因可以选择永久喂养释放较少甲烷的动物，属于国际前沿的减排技术。该技术被认为是可以提高动物生产力并降低单位动物产品甲烷排放的最有效的管理策略之一。

选育高产低排放畜禽良种技术的技术创新就绪度、技术减排潜力和国际比较如表 3-15 所示。

表 3-15　选育高产低排放畜禽良种技术的技术创新就绪度、技术减排潜力和国际比较

技术名称	技术创新就绪度	技术减排潜力	国际比较
选育高产低排放畜禽良种技术	4 级	选择性育种可以使单位动物产品甲烷排放强度降低 24%	跟跑

3.2.11　畜牧业日粮组成优化技术

日粮精粗比是改善动物营养的关键，也直接影响反刍动物甲烷排放量。反刍动物日粮中适当提高精料水平，可增加瘤胃丙酸比例，降低乙酸水平，提高饲料利用率和动物的生产性能。针对不同反刍家畜的试验研究发现，增加日粮中精料比例，所有家畜甲烷排放量都会降低。该技术适用于养殖户、养殖小区或规模化的反刍动物养殖场。

畜牧业日粮组成优化技术的技术创新就绪度、技术减排潜力和国际比较如表 3-16 所示。

表 3-16 畜牧业日粮组成优化技术的技术创新就绪度、技术减排潜力和国际比较

技术名称	技术创新就绪度	技术减排潜力	国际比较
畜牧业日粮组成优化技术	11级	该技术可使单位动物产品甲烷排放强度降低 3%～15%，肠道甲烷排放总体减排 10%～15%，平均值为12.6%	并跑

3.2.12 畜牧业粗饲料质量提升技术

合理搭配高粱青贮、木薯渣青贮、苜蓿青贮与玉米青贮以提高饲料质量，谷物青贮相较禾草青贮淀粉含量提高，降低了瘤胃的 pH，有利于在瘤胃中产生丙酸而不是乙酸。饲料质量提升还可促进营养素平衡，提高养分利用率，降低甲烷排放。饲料原料成熟期、贮存方式、化学处理和物理加工等能影响瘤胃甲烷产量。增加草（牧草或青贮饲料）消化率对不同类型反刍动物甲烷的减排程度不同，原因可能与相对于体重的采食量差异有关。

畜牧业粗饲料质量提升技术的技术创新就绪度、技术减排潜力和国际比较如表 3-17 所示。

表 3-17 畜牧业粗饲料质量提升技术的技术创新就绪度、技术减排潜力和国际比较

技术名称	技术创新就绪度	技术减排潜力	国际比较
畜牧业粗饲料质量提升技术	12级	应用该技术，对肠道甲烷排放减排量较低，在 2.3%左右；从单位产品的甲烷排放来考虑，通过提高饲草质量可促使单位产品的甲烷排放强度降低 7%～10%	并跑

3.2.13 畜牧业饲料添加剂调节技术

在饲料中添加益生菌、植物提取物等添加剂可调控瘤胃微生物区系，保障消化道平衡，抑制甲烷菌与原虫活动，降低甲烷排放量。常见添加剂包括单宁、油脂、酵母、酶和二羧酸等。缩合单宁通过对产甲烷菌的直接毒性作用可减少 6%～39%的甲烷产量（Aboagye and Beauchemin，2019）。脂肪通过抑制原虫和甲烷菌生长双重作用降低甲烷产量。酵母培养物可能刺激瘤胃中的产乙酸微生物，消耗氢气形成乙酸盐，从而减少甲烷产生。饲喂电子受体如二羧酸是瘤胃中丙酸产生的前体物质，有效限制甲烷生成。

畜牧业饲料添加剂调节技术的技术创新就绪度、技术减排潜力和国际比较如表 3-18 所示。

表 3-18　畜牧业饲料添加剂调节技术的技术创新就绪度、技术减排潜力和国际比较

技术名称	技术创新就绪度	技术减排潜力	国际比较
畜牧业饲料添加剂调节技术	7 级	饲喂当前安全性较好的肠道甲烷添加剂，可使肠道甲烷排放降低 5%～40%	跟跑

3.3　过程控制技术评估

3.3.1　油气密闭流程改造技术

油气密闭流程改造技术主要针对油气开采、油气处理和油气储运环节的工艺放空、逸散等过程的排放，通过密闭改造将数个无组织排放源归拢在密闭空间中，实现排放集中管控。离心式压缩机在天然气行业中广泛使用，一般使用油封系统，在压缩气体和空气之间产生阻挡层，但密封油会吸收甲烷气体（袁灿，2016），对密封油进行脱气处理导致脱出气体排放。采用干封系统能避免甲烷排放问题。移动式压缩机回收是在某段管道需要检修时，将管道内的天然气增压后回注到维修管段下游相邻管段或者并行管道中，降低天然气排放。储罐工作损耗和呼吸损耗，以及原油和凝析油在从分离器转移到储罐，或者凝析油从储罐转移到运油车的过程中，甲烷会排放到大气中。采用储罐挥发气回收技术，可在低压条件下从原油储罐中抽出烃蒸气，通过管输分离器收集凝析液，再反向循环回原油储罐中。

油气密闭流程改造技术的技术创新就绪度、技术减排潜力和国际比较如表 3-19 所示。

表 3-19　油气密闭流程改造技术的技术创新就绪度、技术减排潜力和国际比较

技术名称	技术创新就绪度	技术减排潜力	国际比较
油气密闭流程改造技术	6 级	该技术在生产环节推广后，预计可贡献 2 万～3 万 t 甲烷减排量	并跑

3.3.2　油气泄漏检测与修复技术

碳氢化合物处理过程中，工艺流体通过密封、螺纹或机械连接、盖、阀座、缺陷或设备部件上的轻微损坏点损失至环境中产生甲烷逃逸。油气场站一般都由成千上万的单个部

件构成，都是潜在的甲烷逃逸的源头（Schneising et al., 2020）。泄漏监测与修复技术（LDAR）是一项对生产过程中的物料泄漏进行控制的系统工程，逐渐应用于石油企业设备装置中甲烷的泄漏检测与修复。其实施程序包括识别、定义、实施、修复及报告 5 个步骤。其中修复是整个 LDAR 实施过程中真正实现减排的关键环节。

油气泄漏检测与修复技术的技术创新就绪度、技术减排潜力和国际比较如表 3-20 所示。

表 3-20   油气泄漏检测与修复技术的创新就绪度、减排潜力和国际比较

技术名称	技术创新就绪度	技术减排潜力	国际比较
油气泄漏检测与修复技术	11 级	该技术在生产环节推广后，预计可贡献 10 万～15 万 t 甲烷减排量	跟跑

3.3.3   油气装置工艺优化技术

油气装置工艺优化技术是指在不影响生产效率的前提下，通过改进工艺设计，优化设备运行参数，降低压力和温度等，减少泄漏和排放。为防止管线冻堵和采出地层水，通常采用井口加药装置向气井内或集输管线内注甲醇、泡排剂等生产措施。井口加药方式有静置设备加注、移动设备加注两种，但运行成本高、管理不方便。国内已开发采用高压气驱助剂加注撬，由助剂加注装置和控制系统组成，能够实现 24 小时不间断加药，且无需电源。压缩机活塞杆填料由围绕轴安装的柔性填料环组成，防止气体逸出。不正确安装、填料部件偏移或磨损，均会造成更高的泄漏率。通过定期监测和更换压缩机活塞杆填料系统可减少甲烷排放，新填料环材料和填料盒设计也有助于减少甲烷排放。

油气装置工艺优化技术的技术创新就绪度、技术减排潜力和国际比较如表 3-21 所示。

表 3-21   油气装置工艺优化技术的技术创新就绪度、技术减排潜力和国际比较

技术名称	技术创新就绪度	技术减排潜力	国际比较
油气装置工艺优化技术	8 级	该技术在生产环节推广后，预计可贡献 1 万～3 万 t 甲烷减排量	跟跑

3.3.4   有机固废堆肥处理技术

好氧堆肥处理技术是我国主流堆肥技术。利用基质中微生物的好氧分解代谢作用，将

堆体中不稳定且易反应的有机物转化为稳定物质。控制甲烷排放的重点是确保堆肥过程的好氧条件，减少厌氧环境形成。堆肥技术流程采用添加辅料和翻堆通风减少甲烷排放。添加辅料可降低废弃物含水率，增加孔隙度，确保堆肥顺利进行。翻倍通风技术可通过高压风机强制通风提供堆肥过程所需氧气，或定期使用机械抓斗或翻堆机将堆肥原料进行翻动，以增加通风效果。

有机固废覆膜堆肥技术是以强制通风静态垛为基础的改良型好氧堆肥技术模式，通过采取智能静态通风供氧，将固体粪便堆肥发酵过程快速升温到 60℃ 以上，同时在堆体上覆盖具有防水、透气功能的功能膜，可有效阻止甲烷排出。相较固体粪便常规堆放过程，甲烷排放可降低 80% 以上。实现甲烷气体减排的核心在于膜覆盖系统和微压送风系统。膜覆盖系统由三层材料复合，表层为聚酯纤维材料，中间层为 e-PTFE 功能膜材，内层为聚酯纤维材料。堆体内部为微正压状态，保证发酵堆体内部供氧均匀充分，避免厌氧区产生，为好氧发酵构建适宜环境。

有机固废堆肥处理技术的技术创新就绪度、技术减排潜力和国际比较如表 3-22 所示。

表 3-22　有机固废堆肥处理技术的技术创新就绪度、技术减排潜力和国际比较

技术名称	技术创新就绪度	技术减排潜力	国际比较
好氧堆肥处理技术	12 级	以有机固废中的厨余垃圾为例，2021 年生活垃圾总清运量 24 869 万 t，估算厨余垃圾占比 55%，以厨余垃圾总量的 20% 被分出进行生物处理计算，甲烷减排潜力为 50 万 t；有机固废覆膜堆肥技术相较常规堆肥技术可减排甲烷 80%；同时有效减排 NH_3，提高生态环境效益	并跑
有机固废覆膜堆肥技术	11 级		并跑

3.4　末端处置技术评估

3.4.1　甲烷分离提纯技术

甲烷浓缩技术方法较多，按照原理分为深冷液化分离、膜分离、吸附分离等。深冷液化分离技术采用低温精馏法，利用氮气、氧气和甲烷的沸点差异进行分离。该技术能耗高，甲烷体积浓度占 80% 以上，在制取甲烷浓度 95% 以上的产品时具有较好经济效益。膜分离

法用高分子中空纤维膜作为选择障碍层，利用膜选择性允许某些组分穿过而保留混合物中其他组分从而分离，具有精度高、选择性强、渗透快等特点，缺点是在处理煤矿甲烷时需对处于爆炸极限范围的甲烷进行加压，易发生爆炸。吸附法基于吸附剂与气态甲烷之间的相互作用将甲烷捕集分离，主要吸附剂包括分子筛、活性炭、金属有机框架材料（MOFs）等，其中 MOFs 作为新型吸附剂，具有较广阔的应用前景。

甲烷分离提纯技术的技术创新就绪度、技术减排潜力和国际比较如表 3-23 所示。

表 3-23　甲烷分离提纯技术的技术创新就绪度、技术减排潜力和国际比较

技术名称	技术创新就绪度	技术减排潜力	国际比较
甲烷分离提纯技术	13 级	甲烷分离提纯技术——变压吸附法 2025 年甲烷减排平均在 1Mt，2030 年 1.5Mt，2050 年 2.5Mt	领跑

3.4.2　油气固定排放源甲烷回收技术

套管气通常被直接排放到大气中，将套管头放空口直接连接到油气回收系统可实现套管气收集回收。每 3～6 口油井安装一套装置。套管气先经前级油气分离（Li et al.，2020）、过滤，再经压缩升压、隔离保护（Ahmad et al.，2022），将升压后的套管气压入到外输油管道内送入接转输油站。国内已开发油田伴生气高效密闭回收成套技术，井底采用集气管柱+强排气能力的抽油泵相结合的油井井下集气混抽工艺管柱，实现伴生气从井口—站点—联合站（大型站点）的密闭集输。

油气固定排放源甲烷回收技术的技术创新就绪度、技术减排潜力和国际比较如表 3-24 所示。

表 3-24　油气固定排放源甲烷回收技术的技术创新就绪度、技术减排潜力和国际比较

技术名称	技术创新就绪度	技术减排潜力	国际比较
油气固定排放源甲烷回收技术	9 级	该技术在生产环节推广后，预计可贡献 8 万～10 万 t 甲烷减排量	并跑

3.4.3 油气施工作业气回收技术

绿色完井技术将天然气进行净化处理回收，回收天然气价值足以抵消完井前铺设管线的费用。处理后的气体被注进连接管线以便输送到天然气销售管线中。撬装式试井放空气回收技术可用于开发边远小气田、回收油井残气等，也可用于地域性压缩天然气加注站建设，提高偏远地区天然气开采使用率。页岩气开发测试阶段放空气排放与压裂返排液逸散气排放是重要甲烷排放源。国内已开发出基于先导浮子阀+实时液位监控反馈的页岩气开发逸散回收利用装置，将返排液逸散甲烷排放水平由国际普遍的 3kg/h 控制至 0.6kg/h，实现返排液逸散甲烷减排 90%以上。清管作业时的放空气排放可通过安装专用油气回收系统进行回收。集气系统在管道压力下回收的液体在储罐中闪蒸并排出的轻烃气体可采用油气回收系统进行回收。

油气施工作业气回收技术的技术创新就绪度、技术减排潜力和国际比较如表 3-25 所示。

表 3-25 油气施工作业气回收技术的技术创新就绪度、技术减排潜力和国际比较

技术名称	技术创新就绪度	技术减排潜力	国际比较
油气施工作业气回收技术	7 级	该技术在生产环节推广后，预计可贡献 4 万~7 万 t 甲烷减排量	跟跑

3.4.4 油气常规火炬放空气消除回收技术

常规火炬是在缺乏将天然气进行回注、原位利用或输入管网的设备设施和适宜地质条件情况下，进行天然气燃烧。减少火炬燃烧甲烷排放包括熄灭火炬技术、火炬高效燃除技术、回收技术、气体回注油气藏技术。

油气常规火炬放空气消除回收技术的技术创新就绪度、技术减排潜力和国际比较如表 3-26 所示。

表 3-26 油气常规火炬放空气消除回收技术的技术创新就绪度、技术减排潜力和国际比较

技术名称	技术创新就绪度	技术减排潜力	国际比较
油气常规火炬放空气消除回收技术	8 级	该技术在生产环节推广后，预计可贡献 3 万~5 万 t 甲烷减排量	跟跑

3.4.5　油气水合物法回收气态甲烷技术

油气水合物法回收气态甲烷技术将甲烷与水分子形成水合物，并在需要时释放甲烷。水合物由水分子和甲烷通过氢键相互连接而成（李国聪等，2021）。通过调整温度和压力，可以促使水合物的形成和分解（田说，2020；沈万军等，2018）。生成水合物可以有效将气态甲烷储存为固态，便于运输和存储，避免了高压气体的存储和处理问题。但水合物的生成和分解可能需要消耗能量（刘兴良，2017），特别是在水合物形成过程中，导致能耗较高（宁蕾和傅皓，2022）。

油气水合物法回收气态甲烷技术的技术创新就绪度、技术减排潜力和国际比较如表 3-27 所示。

表 3-27　油气水合物法回收气态甲烷技术的技术创新就绪度、技术减排潜力和国际比较

技术名称	技术创新就绪度	技术减排潜力	国际比较
油气水合物法回收气态甲烷技术	2 级	适用于中低压过程放空气。该技术在生产环节推广后，预计可贡献 1 万～3 万 t 甲烷减排量	并跑

3.4.6　甲烷排放液氮法小型液化回收技术

甲烷排放液氮法小型液化回收技术是以液氮作为冷源，利用液氮与放空气体进行换热，使放空气降温并液化，之后将液化天然气（LNG）储存在低温储罐中运输至用户处加以利用的一种放空气回收技术。液氮法小型回收装置可以采用固定安装方式，也可以采用移动撬装方式。

甲烷排放液氮法小型液化回收技术的技术创新就绪度、技术减排潜力和国际比较如表 3-28 所示。

表 3-28　甲烷排放液氮法小型液化回收技术的技术创新就绪度、技术减排潜力和国际比较

技术名称	技术创新就绪度	技术减排潜力	国际比较
甲烷排放液氮法小型液化回收技术	3～7 级	该技术适合回收相对零散、排放量较少、作业时间要求高的放空天然气，在生产环节推广后，预计可贡献 1000～3000t 甲烷减排量	—

3.4.7　工业有机废水厌氧消化技术

我国工业有机废水来源涉及行业较多，不同类型工业有机废水的前体物和甲烷排放潜势差异很大。2019 年全国工业有机废水年回收沼气量约 85 亿 m^3（王凯军等，2023）。工业有机废水资源化、能源化的处理一般采用"固液分离预处理+厌氧反应器+沼气脱硫+沼气脱碳脱水+沼气储柜+沼气利用"工艺流程（王凯军等，2023）。高浓有机废水处理常用的厌氧反应器是膨胀颗粒污泥床（EGSB）和厌氧内循环（IC）。对处理尾气进行有效的密闭式收集可与沼气入炉焚烧、沼气发电、沼气净化入市政天然气管网或厂内采暖等综合利用技术联用，实现工业有机废水处理的甲烷减排。

工业有机废水厌氧消化技术的技术创新就绪度、技术减排潜力和国际比较如表 3-29 所示。

表 3-29　工业有机废水厌氧消化技术的技术创新就绪度、技术减排潜力和国际比较

技术名称	技术创新就绪度	技术减排潜力	国际比较
工业有机废水厌氧消化技术	13 级	我国工业有机废水的甲烷减排潜力在 20 万 t 左右	并跑

3.5　综合治理及利用技术评估

3.5.1　甲烷发电技术

甲烷发电主要有 4 种方式：蒸汽轮机发电、燃气轮机发电、内燃机发电、低浓度甲烷燃料电池发电。蒸汽轮机直接燃烧甲烷，将热能通过锅炉将水转化为蒸汽，利用蒸汽带动汽轮机发电，对甲烷要求比较低；工艺复杂，建设周期长，水消耗量大，能源利用率较低。燃气轮机发电的旋转式热力发动机主要包括燃气轮机、压气机和燃烧室。叶轮式压缩机吸入空气并送入燃烧室，生成的高温高压烟气进入透平膨胀做功驱动发电机发电。

内燃机发电利用往复式内燃机燃烧甲烷燃料推动活塞连杆做功，进而将机械能转化为电能，运行灵活，发电可靠度高，启停时间短，机组运行稳定性好，且对甲烷流量和浓度

的使用范围较宽。低浓度甲烷燃料电池发电以甲烷作为燃料，在阳极催化作用下与阴极氧化剂氧气发生氧化还原反应，反应中得失电子产生电流从而发电。发电效率高，无噪声，反应产物是水和二氧化碳，污染少。

甲烷发电技术的技术创新就绪度、技术减排潜力和国际比较如表 3-30 所示。

表 3-30 甲烷发电技术的技术创新就绪度、技术减排潜力和国际比较

技术名称	具体技术	技术创新就绪度	技术减排潜力	国际比较
甲烷发电技术	蒸汽轮机技术	13 级	当前主流的甲烷发电方式为内燃机发电和低浓度甲烷燃料电池发电，取两种发电方式甲烷平均减排量进行分析估算：2025 年减排 1.7Mt 甲烷；2030 年减排 2.4Mt 甲烷；2050 年减排 3Mt 甲烷	跟跑
	燃气轮机发电	13 级		并跑
	内燃机发电	13 级		并跑
	低浓度甲烷燃料电池发电	7 级		领跑

3.5.2 甲烷蓄热氧化利用技术

该技术利用超低浓度甲烷与氧气发生氧化反应，产生的热量进行工业应用。将超低浓度甲烷与低浓度甲烷掺混送入反应器，在蓄热氧化（800～1000℃）下发生氧化反应，放出热量推动蒸汽轮机工作或者带动锅炉工作。往复式热氧化技术先对蓄热体预热达到乏风的氧化温度，通入常温乏风气体至蓄热式氧化炉，甲烷被加热氧化后释放出热量，通过换热器将释放热量用于生成蒸汽用于发电。

甲烷蓄热氧化利用技术的技术创新就绪度、技术减排潜力和国际比较如表 3-31 所示。

表 3-31 甲烷蓄热氧化利用技术的技术创新就绪度、技术减排潜力和国际比较

技术名称	技术创新就绪度	技术减排潜力	国际比较
甲烷蓄热氧化利用技术	13 级	2025 年减排 1.8Mt；2030 年减排 2.6Mt；2050 年减排 3.6Mt	领跑

3.5.3 甲烷直接燃烧利用技术

甲烷催化燃烧催化剂借助催化剂使燃烧在较小燃空比及较低温度下进行。催化剂分为非贵金属催化剂和贵金属催化剂。非贵金属催化剂包括钙钛矿型和六铝酸盐型，热稳定性

高，但比表面积小，点火温度高。贵金属催化剂具有高比表面积、活性组分分散性好、反应条件温和的优点。基于脉动燃烧器工作原理和声学条件将甲烷直接燃烧利用技术分为三类：Schmidt 型、Helmholtz 型和 Rijke 型。

多孔介质燃烧因贫燃极限范围广而在低热值气体利用方面具有应用前景。低浓度甲烷进入多孔介质并在孔隙内燃烧，燃烧产生的热量通过辐射和导热向上游传递，并通过对流预热预混气体，同时高温烟气余热通过多孔介质本身蓄热回收。低浓度甲烷直接安全稳定燃烧技术是解决 3%～9%浓度甲烷利用的关键，包含迷宫式蓄热技术、"长明火固体"点火技术、微分阻火技术、高能量分散驻留技术等，为低浓度甲烷安全利用提供了一种直接有效的技术途径。

甲烷直接燃烧利用技术的技术创新就绪度、技术减排潜力和国际比较如表 3-32 所示。

表 3-32　甲烷直接燃烧利用技术的技术创新就绪度、技术减排潜力和国际比较

技术名称	具本技术	技术创新就绪度	技术减排潜力	国际比较
甲烷直接燃烧利用技术	低浓度甲烷直接燃烧技术	8 级	2025 年减排 1.4Mt 甲烷；2030 年减排 2.5Mt 甲烷；2050 年减排 3.5Mt 甲烷	领跑
	催化燃烧技术			跟跑
	脉动燃烧技术			跟跑
	多孔介质燃烧技术			并跑

3.5.4　甲烷制甲醇技术

甲烷间接制甲醇分为两步，第一步是通过蒸气裂解来得到所需要的碳氢化合物，第二步经由合成技术来制成甲醇。生产技术纯熟，但反应条件不容易达到，工艺耗能较大。甲烷直接制甲醇催化氧化法以氧气作为氧化剂实现甲烷高选择性氧化生成甲醇，绿色环保，但仍处于实验室试验阶段，研究要点是催化剂开发。

甲烷制甲醇技术的技术创新就绪度、技术减排潜力和国际比较如表 3-33 所示。

表 3-33　甲烷制甲醇技术的技术创新就绪度、技术减排潜力和国际比较

技术名称	具体技术	技术创新就绪度	技术减排潜力	国际比较
甲烷制甲醇技术	甲烷直接制甲醇催化氧化法	7 级	2025 年减排 1.6Mt 甲烷；2030 年减排 2.1Mt 甲烷；2050 年减排 3.4Mt 甲烷	领跑
	甲烷间接制甲醇			并跑

3.5.5 稻田复合种养技术

稻田复合种养通过构建水稻-动物共生互促系统，实现水稻稳产、水产品产量增加、经济效益提高、农药化肥用量减少，与传统水稻生产模式相比，该技术通过抑制甲烷产生、促进甲烷氧化降低排放量。

稻田复合种养技术的技术创新就绪度、技术减排潜力和国际比较如表 3-34 所示。

表 3-34 稻田复合种养技术的技术创新就绪度、技术减排潜力和国际比较

技术名称	技术创新就绪度	技术减排潜力	国际比较
稻田复合种养技术	7 级	稻-鱼、稻-虾、稻-蟹、稻-鳖、稻-蛙、稻-鸭、稻-鸡等 7 种稻田复合种养模式平均降低全球稻田甲烷排放 14.8%，约为 379 万 t/a	领跑

3.5.6 有机废弃物厌氧发酵产沼气综合利用技术

厌氧消化是将废弃物中复杂有机物通过厌氧微生物转化为简单有机物、二氧化碳和甲烷的过程。厌氧消化包括水解、酸化、产乙酸和产甲烷四个生化步骤。温度、pH、碳氮比和搅拌等因素影响厌氧消化效果。该技术可应用于污泥或厨余垃圾等固体废弃物，工业有机废水，以及养殖场畜禽粪污等。不同类型废弃物甲烷排放潜势差异很大。

工业有机废水资源化、能源化的处理一般采用"固液分离预处理+厌氧反应器+沼气脱硫+沼气脱碳脱水+沼气储柜+沼气利用"工艺流程（王凯军等，2023）。高浓有机废水处理常用的厌氧反应器是膨胀颗粒污泥床（EGSB）和厌氧内循环（IC）。对处理尾气进行有效的密闭式收集可与沼气入炉焚烧、沼气发电、沼气净化入市政天然气管网或厂内采暖等综合利用技术联用，实现工业有机废水处理的甲烷减排。

对于养殖场畜禽粪污沼气发酵工程，沼气发酵回收利用通过改变粪便管理方式避免了粪污在开放式贮存过程中产生的甲烷排放。以位于南方炎热地区、年存栏 6000 头的万头猪场为例，若粪便全部用于生产沼气池，沼气用于供应周围农户替代炊事用的煤炭，粪便管理甲烷排放几乎为 0。如现有粪便管理为厌氧氧化塘，由于氧化塘甲烷排放量大，沼气工程温室气体减排量除沼气替代煤炭减排的二氧化碳排放量外，还包括粪便管理方式改变造成的减排，为 500～7000t 二氧化碳当量（CO_2e）。

有机废弃物厌氧发酵产沼气综合利用技术的技术创新就绪度、技术减排潜力和国际比较如表 3-35 所示。

表 3-35　有机废弃物厌氧发酵产沼气综合利用技术的技术创新就绪度、技术减排潜力和国际比较

技术名称	技术创新就绪度	技术减排潜力	国际比较
有机废弃物厌氧发酵产沼气综合利用技术	12 级	有机固体废弃物厌氧消化技术的减排潜力为 200 万 t 甲烷；我国工业有机废水的甲烷减排潜力约为 20 万 t；规模化养殖场沼气工程相较传统氧化塘处理可减排甲烷 70%～80%，减排潜力依据产业规模最高可达 200 万～300 万 t	并跑

3.5.7　厨余垃圾制备有机酸技术

厨余垃圾制备有机酸主要工艺流程为"厨余垃圾协同预处理分选+制浆+酸化+有机酸制备"，微生物和有机质通过发酵生成有机酸，可密闭运输至市政污水厂作为污水处理环节的碳源使用。需注意在多个环节中避免产甲烷反应，使有机酸液不会在微生物作用下被分解成甲烷，具体管控措施包括调节 pH 在 3.8～4.8，温度在 20～30℃等。

厨余垃圾制备有机酸技术的技术创新就绪度、技术减排潜力和国际比较如表 3-36 所示。

表 3-36　厨余垃圾制备有机酸技术的技术创新就绪度、技术减排潜力和国际比较

技术名称	技术创新就绪度	技术减排潜力	国际比较
厨余垃圾制备有机酸技术	8 级	该技术目前仍处于发展阶段，减排潜力取决于其产品的应用场景，约为 10 万 t 甲烷	并跑

3.5.8　老旧填埋场存量整治技术

老旧填埋场存量整治技术包括原位封场、筛分综合利用、填埋气高效收集、异地搬迁、好氧稳定化。原位封场和好氧稳定化成本较低，在垃圾存量大而土地仅需低密度利用地区适用。与原位封场相比，好氧稳定化具有降解时间短、渗滤液产量少、温室气体排放量低等优点。好氧降解可将填埋场内有机物的降解时间缩短为原来的 1/30～1/5。气体抽注系统可杜绝填埋气的非控制性扩散。筛分综合利用和异地搬迁成本较高，对填埋场的开挖导致堆体中尚未收集或释放的甲烷直接排放。填埋气集中收集可有效遏制甲烷无组织排放。主动导排通过垂直导气井或水平导气盲沟，利用抽气设备负压抽出填埋气。被动收集系统依靠压力差将气体排出。垃圾填埋场通常采用横井、竖井和膜下收集井三种收集形式。横井集气效率约为 90%；竖井集气约为 75%，竖井集气因成本较低，在国内更常采用；膜下收集井通过膜的密闭作用显著提高收集效率，是技术发展的方向。

老旧填埋场存量整治技术的技术创新就绪度、技术减排潜力和国际比较如表 3-37 所示。

表 3-37　老旧填埋场存量整治技术的技术创新就绪度、技术减排潜力和国际比较

技术名称	具体技术	技术创新就绪度	技术减排潜力	国际比较
老旧填埋场存量整治技术	老旧填埋场治理技术	11 级	以 2021 年生活垃圾填埋量 5208 万 t 核算，填埋气收集燃烧或收集发电的甲烷减排潜力约为 200 万 t，好氧稳定化技术可使填埋场气体甲烷含量降低到 2%，减排潜力约为 150 万 t	并跑
	埋场填埋气收集导排及发电综合利用技术	12 级		

中国甲烷管控技术发展目标及路径

4.1 技术发展目标

4.1.1 监测领域

中国监测领域甲烷管控技术路线图如图 4-1 所示。

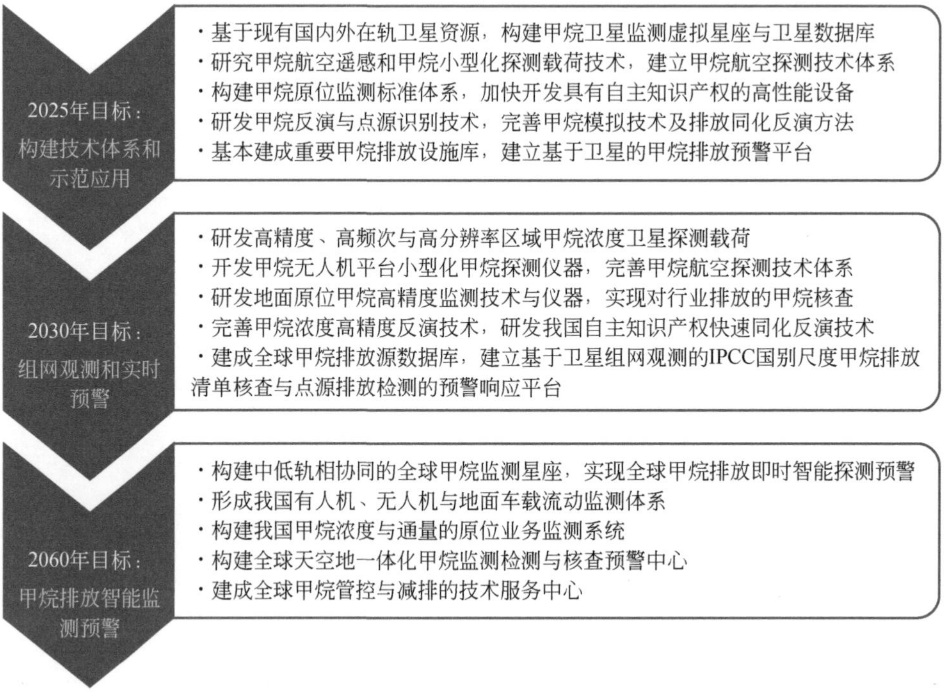

2025 年目标：构建技术体系和示范应用
- 基于现有国内外在轨卫星资源，构建甲烷卫星监测虚拟星座与卫星数据库
- 研究甲烷航空遥感和甲烷小型化探测载荷技术，建立甲烷航空探测技术体系
- 构建甲烷原位监测标准体系，加快开发具有自主知识产权的高性能设备
- 研发甲烷反演与点源识别技术，完善甲烷模拟技术及排放同化反演方法
- 基本建成重要甲烷排放设施库，建立基于卫星的甲烷排放预警平台

2030 年目标：组网观测和实时预警
- 研发高精度、高频次与高分辨率区域甲烷浓度卫星探测载荷
- 开发甲烷无人机平台小型化甲烷探测仪器，完善甲烷航空探测技术体系
- 研发地面原位甲烷高精度监测技术与仪器，实现对行业排放的甲烷核查
- 完善甲烷浓度高精度反演技术，研发我国自主知识产权快速同化反演技术
- 建成全球甲烷排放源数据库，建立基于卫星组网观测的IPCC国别尺度甲烷排放清单核查与点源排放检测的预警响应平台

2060 年目标：甲烷排放智能监测预警
- 构建中低轨相协同的全球甲烷监测星座，实现全球甲烷排放即时智能探测预警
- 形成我国有人机、无人机与地面车载流动监测体系
- 构建我国甲烷浓度与通量的原位业务监测系统
- 构建全球天空地一体化甲烷监测检测与核查预警中心
- 建成全球甲烷管控与减排的技术服务中心

图 4-1　中国监测领域甲烷管控技术路线图

（1）2025 年目标：构建技术体系和示范应用

构建基于现有卫星的甲烷监测技术体系，通过综合示范应用，尽快形成对欧美甲烷超级排放的监测预警及溯源基本应用能力，为中国甲烷气候谈判提供科学数据支撑。

该阶段主要建设目标如下：

1）基于现有国内外在轨卫星资源，构建甲烷卫星监测虚拟星座与卫星数据库。

2）研究甲烷航空遥感和甲烷小型化探测载荷技术，建立甲烷航空探测技术体系，推进无人机甲烷监测应用。

3）构建甲烷原位监测研发体系，加快开发具有自主知识产权的高性能设备，降低技术使用成本。

4）研发甲烷浓度高精度反演与超级排放点源识别技术，完善甲烷模拟技术及排放同化反演方法。

5）基本建成包括全球油气与煤矿的重要甲烷排放设施库，建立基于卫星的甲烷排放预警平台，通过典型应用示范，实现对全球甲烷超级排放点源的检测与预警应用。

（2）2030 年目标：全球甲烷组网观测，点源排放实时预警

研发先进的天空地甲烷监测技术，构建国际一流的全球甲烷卫星协同组网观测技术体系，基于甲烷浓度与排放量高精度反演技术与甲烷大数据平台，实现对全球甲烷排放的第三方核查与重要点源排放实时预警，服务全球甲烷管控与减排。

该阶段主要建设目标如下：

1）研发高精度、高频次与高分辨率区域甲烷浓度卫星探测载荷。其中甲浓度烷探测精度达到 5ppb、点源排放检测阈值达到 50～100kg/h、时间分辨率达 24h。

2）开发甲烷无人机平台小型化甲烷探测仪器，完善甲烷航空探测技术体系。

3）研发地面原位甲烷高精度监测技术与仪器，优化和提升监测设备的分析精度，降低使用场所和条件的限制，支撑全国甲烷监测站点建设，并实现对行业排放的甲烷核查和安全预警应用。

4）完善甲烷浓度高精度反演技术，研发我国自主知识产权多尺度全球与区域甲烷大气模式及快速同化反演技术。

5）建成全球甲烷排放源数据库，建立基于卫星组网观测的 IPCC 国别尺度甲烷排放清单核查与点源排放检测的预警响应平台，提高我国气候谈判的国际影响力及话语权。

（3）2060 年目标：构建甲烷排放智能监测预警技术体系，实现对全球甲烷排放的即时检测预警响应

该阶段主要建设目标如下：

1）构建中低轨相协同的全球甲烷监测星座，实现全球甲烷排放即时智能探测预警。甲烷浓度探测精度达到 3ppb、点源甲烷排放检测阈值达到 30～50kg/h，时间分辨率分钟级。

2）形成我国有人机、无人机与地面车载流动监测体系。

3）构建我国甲烷浓度与通量的原位业务监测系统。

4）构建全球天空地一体化甲烷监测检测与核查预警中心，负责全球甲烷卫星监测数据接收处理、大气甲烷浓度与排放量反演处理、各国甲烷排放清单第三方核查与甲烷排放泄漏智能预警响应。

5）建成全球甲烷管控与减排的技术服务中心。

4.1.2 煤炭领域

中国煤炭领域甲烷管控技术路线图如图 4-2 所示。

（1）"十四五"时期：减排优化期

1）推动大范围精准化抽采与低浓度甲烷利用技术发展，矿井甲烷抽采率提高 5%，矿井甲烷利用率提高至 50%。

2）固本拓新，持续加大煤层气勘探开发力度，建设煤层气增储上产新基地。

"十四五"时期：减排优化期
- 推动大范围精准化抽采与低浓度瓦斯利用技术发展
- 固本拓新，持续加大煤层气勘探开发力度，建设煤层气增储上产新基地
- 突破废弃矿井瓦斯抽采关键技术，推动废弃矿井瓦斯高效抽采示范区建设

"十五五"时期：减排加速期
- 全面推广煤矿瓦斯智能化高效抽采利用技术，低浓度瓦斯和乏风瓦斯利用效能显著提升
- 加快复杂地质条件和深部煤层气勘探开发技术攻关及应用
- 构建废弃矿井瓦斯精准评伯、监测和抽采技术体系，实现废弃矿井甲烷的科学抽取管控
- 探索制定涵盖排放强度和排放总量的煤炭甲烷排放新标准

2030~2060年：全面减排期
- 构建形成"采前-采中-采后"煤炭开发全生命周期瓦斯高效抽采减排技术体系
- 建立并全面推广煤炭全浓度甲烷高品质利用近零排放模式
- 构建我国煤矿瓦斯排放监测、报告和核查体系，实现煤矿瓦斯排放的动态科学监测管控
- 推动甲烷减排进入碳交易市场，创新我国煤炭甲烷管控商业模式

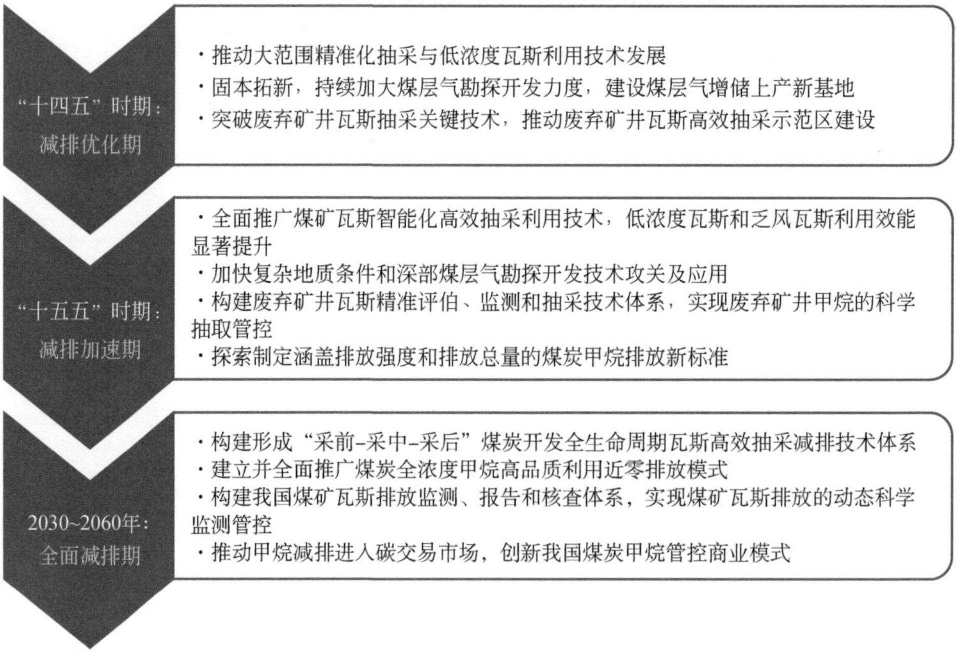

图 4-2　中国煤炭领域甲烷管控技术路线图

3）突破废弃矿井甲烷抽采关键技术，推动废弃矿井甲烷高效抽采示范区建设。

（2）"十五五"时期：减排加速期

1）全面推广煤矿甲烷智能化高效抽采利用技术，低浓度甲烷和乏风甲烷利用效能显著提升，矿井甲烷抽采率提高 10%，矿井甲烷利用率提高至 65% 以上。

2）加快复杂地质条件和深部煤层气勘探开发技术攻关及应用。

3）构建废弃矿井甲烷精准评估、监测和抽采技术体系，实现废弃矿井甲烷的科学抽取管控。

4）探索制定涵盖排放强度和排放总量的煤炭甲烷排放新标准。

（3）2030～2060 年：全面减排期

1）构建形成"采前—采中—采后"煤炭开发全生命周期甲烷高效抽采减排技术体系。

2）建立并全面推广煤炭全浓度甲烷高品质利用近零排放模式，矿井甲烷抽采率提高到 80% 以上，矿井甲烷利用率提高至 80% 以上。

3）构建我国煤矿甲烷排放监测、报告和核查体系，实现煤矿甲烷排放的动态科学监测管控。

4）推动甲烷减排进入碳交易市场，创新我国煤炭甲烷管控商业模式。

4.1.3   油气领域

中国油气领域甲烷管控技术路线图如图 4-3 所示。

（1）"十四五"时期：减排优化期

初步形成油气行业重点排放源甲烷管控技术推广目录，中高浓度甲烷有组织排放源得到有效控制，低浓度、高通量甲烷排放控制技术取得突破，力争单位天然气产量甲烷排放强度接近 0.25%。

（2）"十五五"时期：减排加速期

低浓度、高通量甲烷排放控制技术完成推广应用，油气行业甲烷排放管控技术推广目录全面完成，单位天然气产量甲烷排放强度进一步降低，为油气行业甲烷排放管控提供较为成熟的技术方案。

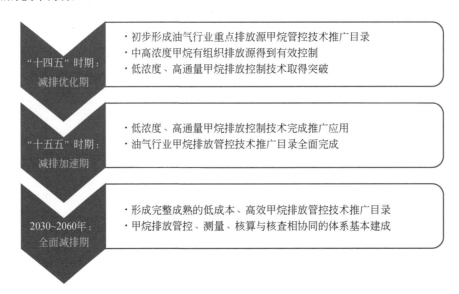

图 4-3　中国油气领域甲烷管控技术路线图

（3）2030～2060 年：全面减排期

形成完整成熟的低成本、高效甲烷排放管控技术推广目录，甲烷排放管控、测量、核算与核查相协同的体系基本建成。油气领域基本实现净零排放，达到世界一流水平；油气生产过程甲烷平均排放强度达到同行业世界一流水平。

4.1.4　水稻领域

中国水稻领域甲烷管控技术路线图如图 4-4 所示。

（1）"十四五"时期：减排优化期

1）加强覆膜栽培水分管理技术减排效果区域适应性的评估研究。

2）推进生物炭还田技术减排效果区域适应性和施用量的评估研究。

3）研发协同稻田甲烷高效减排和水稻保产的减碳增产新技术。

（2）"十五五"时期：减排加速期

1）加快在全国冬水田区域推广覆膜栽培减排技术体系。

2）因地制宜推广生物炭还田减排技术以及秸秆旱地还田技术。

3）选育适用于不同气候土壤条件的低排放和高产量的水稻品种。

4）构建稻田甲烷减排技术生命周期的生态-环境-经济综合评价体系。

- "十四五"时期：减排优化期
  - 加强覆膜栽培水分管理技术减排效果区域适应性的评估研究
  - 推进生物炭还田技术减排效果区域适应性和施用量的评估研究
  - 研发协同稻田甲烷高效减排和水稻保产的减碳增产新技术
- "十五五"时期：减排加速期
  - 加快在全国冬水田区域推广覆膜栽培减排技术体系
  - 因地制宜推广生物炭还田减排技术以及秸秆旱地还田技术
  - 选育适用于不同气候土壤条件的低排放和高产量的水稻品种
  - 构建稻田甲烷减排技术生命周期的生态-环境-经济综合评价体系
- 2030~2060年：全面减排期
  - 加快对低排放和高产量水稻品种的示范和推广
  - 推进减排技术集成体系（如生物炭+水稻品种+水分管理）的应用
  - 构建我国稻田甲烷排放自动化监测体系，实现稻田甲烷排放动态管控
  - 推动稻田甲烷减排进入碳交易市场，创新我国稻田甲烷管控模式

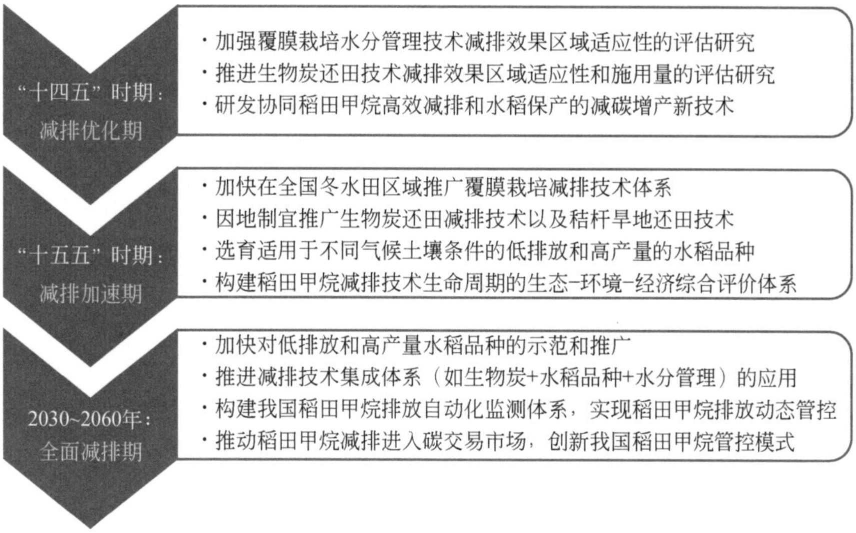

图 4-4　中国水稻领域甲烷管控技术路线图

（3）2030～2060 年：全面减排期

1）加快对低排放和高产量水稻品种的示范和推广。

2）推进减排技术集成体系（如生物炭+水稻品种+水分管理）的应用。

3）构建我国稻田甲烷排放自动化监测体系，实现稻田甲烷排放动态管控。

4）推动稻田甲烷减排进入碳交易市场，创新我国稻田甲烷管控模式。

4.1.5　畜牧业领域

中国畜牧业领域甲烷管控技术路线图如图 4-5 所示。

（1）"十四五"时期：减排优化期

"十四五"期间，继续优化畜牧业甲烷减排技术，通过技术实施促进肠道甲烷排放增速减缓，单位畜禽产品甲烷排放强度稳中有降，畜禽粪污综合利用率达到 80%以上。该阶段主要目标如下：

1）推进农作物秸秆生产优质饲料技术研发，推广全株青贮、全混合日粮饲喂技术，实

施精准饲喂技术，开展饲用减排效果的评估研究。

2）推进肠道甲烷减排饲料添加剂的研发工作，筛选减排高效同时对动物生长有促进作用的减排添加剂产品。

3）推动污水管理高效甲烷减排技术的创新，推动沼气技术升级，提升畜禽粪便制备生物炭技术研究水平，进一步降低成本。

4）启动高产低排放畜禽良种的选育研究工作。

"十四五"时期：
减排优化期
· 继续优化畜牧业甲烷减排技术
· 通过技术实施促进肠道甲烷排放增速减缓
· 畜禽单位产品甲烷排放强度稳中有降
· 畜禽粪污综合利用率达到80%以上

"十五五"时期：
减排加速期
· 畜牧业甲烷实现加速减排
· 畜牧业甲烷控制与回收利用技术取得重大突破
· 畜禽单位产品甲烷排放强度进一步降低
· 畜禽粪污综合利用率达到85%以上

2030~2060年：
全面减排期
· 实现畜牧业甲烷全面高效减排
· 畜牧业绿色低碳模式得到推广应用
· 畜禽单位产品甲烷排放强度达到发达国家水平
· 畜禽废弃物实现最大化资源化利用

图 4-5 中国畜牧业领域甲烷管控技术路线图

（2）"十五五"时期：减排加速期

"十五五"期间，畜牧业甲烷实现加速减排，畜牧业甲烷控制与回收利用技术取得重大突破，单位畜禽产品甲烷排放强度进一步降低，畜禽粪污综合利用率达到85%以上。该阶段主要建设目标如下：

1）加快在全国不同地区推广粗饲料提质技术，构建区域适宜的粗饲料质量提升减排甲烷技术体系。

2）推进牛羊等典型动物的高效减排饲料添加剂的试点应用。

3）持续推进高产低排放畜禽品种的选育工作，评估良种使用减排效果。

4）因地制宜推进畜禽粪污产沼气的集中供气供热、发电上网、生物天然气车用和并入燃气管网等应用；构建粪污处理减排技术体系，推动粪污高效资源化利用并协同实现甲烷减控的目标。

（3）2030～2060 年：全面减排期

2030～2060 年，实现畜牧业甲烷全面高效减排，畜牧业绿色低碳模式得到推广应用，单位畜产品的甲烷排放强度达到发达国家水平，畜禽废弃物实现最大化资源化利用。该阶段主要建设目标如下：

1）加快对高产低排放畜禽品种的示范和推广。

2）推进减排技术集成体系的应用，肠道减排方面完成肠道添加剂+饲草质量提升集成体系建设；粪便管理方面完成生物炭制备+污水覆盖+粪污沼气/生物天然气工程集成体系建设。

3）构建我国畜牧业甲烷自动化监测体系，实现畜牧业甲烷排放动态管控。

4）推动畜牧业甲烷减排进入碳交易市场，创新我国畜牧业甲烷管控新模式。

4.1.6　废弃物领域

中国废弃物领域甲烷管控技术路线图如图 4-6 所示。

本路径的制定参考以下文献：《城镇生活垃圾分类和处理设施补短板强弱项实施方案》《甲烷排放控制行动方案》《关于推进污水处理减污降碳协同增效的实施意见》《关于在全国地级及以上城市全面开展生活垃圾分类工作的通知》。

（1）"十四五"时期：减排优化期

1）全国城市基本实现原生垃圾"零填埋"，对新建填埋设施的填埋气收集导排设施提出更高要求，重点采用膜下收集、功能覆盖层、填埋气集中焚烧等技术。

2）大幅度提升填埋场的甲烷收集率、降低甲烷无组织排放。对存量填埋场开展摸排评估与治理规划，通过好氧稳定化等技术。

3）对现存的老填埋场进行综合治理。

4）新建区域取消化粪池，严控污废水及污泥厌氧消化设施甲烷泄漏量，探索制定废弃物领域甲烷排放总量与排放强度双控标准。

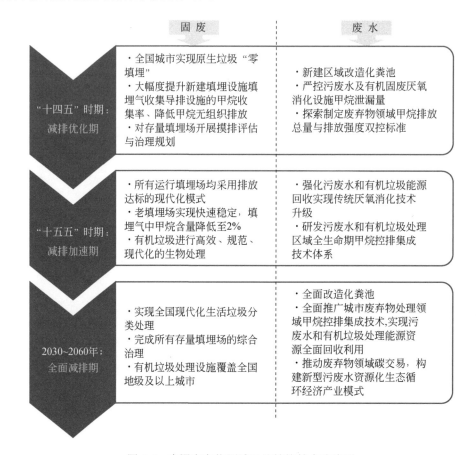

图 4-6 中国废弃物领域甲烷管控技术路线图

（2）"十五五"时期：减排加速期

1）进一步减少填埋量，所有填埋场均采用排放达标的模式。

2）综合治理老填埋场，使其实现快速稳定，填埋气甲烷含量降至 2%。

3）生活垃圾分类背景下，对厨余垃圾进行高效、规范、现代化的生物处理。

4）强化污废水和有机垃圾能源回收，实现传统厌氧消化技术升级，研发污废水和有机垃圾区域全生命期甲烷控排集成技术体系。

（3）2030～2060 年：全面减排期

1）在全国范围实现生活垃圾的现代化分类处理，完成对所有存量填埋场的综合治理，厨余垃圾处理设施覆盖全国地级及以上城市。

2）通过厌氧消化与好氧堆肥等成熟技术的发展完善，以及有机酸制备与昆虫转化等新兴技术的规模化应用，将有机废弃物中的组分充分利用，实现可降解有机物的稳定化，减少甲烷的无组织排放。

3）实现污废水和有机固废能源资源全面回收利用。

4）全面改造化粪池，推广城市污水甲烷控排集成技术，推动废弃物领域碳交易，构建新型污废水资源化生态循环经济产业模式。

4.2　技术发展路径

4.2.1　监测技术发展路径

1. 甲烷天空地一体化监测技术

（1）建立甲烷高精度高频次卫星探测技术

为推进我国甲烷监测检测技术进步，满足对全球国别尺度甲烷清单核查与甲烷超级点源的排放检测，研发中轨高精度载荷技术与高频次卫星对地观测技术。甲烷高精度载荷技术方面，一是需要研发千千米级幅宽、千米级空间分辨率、亚纳米光谱分辨率的甲烷浓度探测载荷；二是需要研发高灵敏识别较小甲烷点源排放目标，要求载荷同时具备较高的空间分辨率和探测灵敏度。2025 年构建甲烷卫星监测虚拟星座与卫星数据库。2030 年研发高精度、高频次、高分辨率区域甲烷浓度卫星探测载荷。2060 年构建中低轨相协同的全球甲烷监测星座。

（2）发展空基与地基甲烷探测技术

研发航空平台的原位与遥感观测技术：研究大气甲烷浓度飞机航空测量技术体系；研发适用于航空平台的高精度光学成像相机和中红外差分吸收激光雷达测量仪器，实现甲烷柱浓度航空遥感观测；研发适用于无人机的小型化高精度甲烷测量仪器，研究无人机平台的载荷稳定搭载、布局、数据存储与传输技术，并开展实验室及野外校准及验证工作。研发高精度和中精度的地面原位监测设备和地基监测设备，建立区域背景甲烷浓度监测和人为甲烷排放监测网络。2025 年建立甲烷航空探测技术体系，构建甲烷原位监测研发体系。2030 年开发无人机平台小型化甲烷探测仪器，研发地面原位和地基甲烷高精度监测技术与仪器。2060 年构建我国甲烷浓度与通量原位业务监测系统，建成我国有人机、无人机与地面车载流动监测体系。

（3）发展甲烷浓度与排放量反演估算技术体系

研发甲烷柱浓度最优化反演技术与甲烷点源排放的浓度异常检测与羽流识别技术。面向全球监测实用化需求，研究基于人工智能和深度学习的非线性高效反演算法，实现全球甲烷浓度与大规模点源甲烷泄漏及时监测。研究区域尺度的甲烷排放第三方核查技术，实现对排放清单的校核、甲烷治理效果的评估和区域排放热点及时预警。2025 年研发甲烷浓度高精度反演与超级排放点源识别技术，完善甲烷模拟技术及排放同化反演方法。2030 年研发我国自主知识产权多尺度全球与区域甲烷大气模式及快速同化反演技术。2060 年建成全球甲烷监测技术服务中心，实现全球甲烷卫星数据大气甲烷浓度与排放量反演处理以及甲烷排放清单第三方核查。

（4）建立全球甲烷排放的预警与核查中心

发展时空大数据技术，制定甲烷排放源数据库标准。基于甲烷排放源数据库，采用空天地一体化监测技术实现甲烷排放超级点源的快速定位及警报，构建动态甲烷排放源数据库，实现甲烷减排后续跟踪，挖掘甲烷泄漏特征。2025 年基本建成全球重要甲烷排放设施库。2030 年建成全球甲烷排放源数据库。2060 年构建全球天空地一体化甲烷监测检测与核查预警中心。

2. 行业专用监测技术

（1）煤炭领域

加大在线监测计量设备自动化、智能化，发展高准确度超声流量计、气相色谱仪的国产化。研发井工开采环节甲烷排放分布式监测计量技术。开发抽采系统相关参数的在线监测分析与智能诊断系统。2025 年制定井工煤矿甲烷排放监测技术指南或技术标准。2030 年开发废弃煤矿瓦斯、矿后活动及露天煤矿甲烷排放的有效监测手段。建立完善煤炭甲烷排放监测标准体系。2060 年实现地面监测技术和遥感监测技术所获得排放量数据的交互验证。建立废弃矿井瓦斯利用示范工程，动态实现煤炭甲烷全周期零排放目标。

（2）油气领域

结合多种监测技术，搭建空天地一体化监测技术体系，开展智能网络和数据分析能力建设，提升甲烷排放的识别和预警能力。积极推动检测、监测、核算相关标准规范的制定。2025 年初步形成甲烷排放测量与核算体系。建立企业甲烷排放数据报送体系，重点企业甲烷排放建立年度报告制度，领域内排放清单分辨率进一步提升。2030 年甲烷排放测量与核算体系更加健全。基础数据统计体系更加完善，数据质量进一步提升。2060 年实现自上而下的甲烷排放通量监测及估计，实现重点排放源可监测、可报告、可核查，甲烷排放清单分辨率基本达到国际先进水平。

（3）水稻领域

完善箱法、微气象学法和模型估算为主的监测核算技术，精准量化和评估稻田甲烷排放。优化密闭箱设计和操作方法提高观测数据的准确性和可重复性。结合人工智能，简化对原始测定数据的密度脉动修正、相对感应度修正、坐标变换、响应和量程修正过程。采用过程或机理模型，在不同时空尺度上精确模拟甲烷生成和排放机制。

（4）畜牧业领域

在肠道甲烷监测方面，发展无创伤、非侵入式、测量期短和可用于大群动物测量且具有不影响动物行为的青饲料肠道甲烷自动监测技术，通过内部设置饲料槽吸引牛羊访问设备，收集其吸入和嗝出气体成分，利用高精度甲烷传感器分析气体浓度，核算甲烷浓度，结合气流量监测与模型算法等核算出动物的甲烷排放量。采用无线射频身份识别技术（RFID）建立畜牧自动管理系统。

（5）废弃物领域

发展填埋设施甲烷监测核算技术，由实验式、区域式向常态化、精确化转变。通过优化监测技术与设施，更精准掌握填埋场整体以及重点排放区域的甲烷排放情况。开发生物处理设施监测核算技术。识别并及时排除厨余垃圾厌氧消化设施的逸散风险。监测核算堆肥甲烷浓度，掌握甲烷的整体生成排放情况。

4.2.2　源头管控技术发展路径

（1）煤层瓦斯抽采技术

煤层瓦斯抽采包括精准抽采、低渗煤层瓦斯抽采增透、打钻-增透-封孔一体化机器人施工、抽采系统智能调控与诊断等。针对不同瓦斯赋存地质条件，实现钻孔自动设计，提高精细化程度，不同抽采区进行差异化布孔，实现精准抽采。发展低渗煤层瓦斯抽采增透技术，通过增透手段使低渗煤层产生裂隙，增加透气性，将难抽采煤层变成可抽采煤层。深入开展低渗煤层瓦斯抽采增透增产机制研究，完善瓦斯抽采增透工艺设备，提高增透工艺参数的精准度，合理整合和改进现有增透技术。探索其他领域成熟技术的应用，如超声激励增透技术，多方法协同注气驱替增透技术等。研制打钻机器人，实现抽采钻孔施工无人化作业，包括井下环境智能感知、障碍物智能辨识、钻机精准定位、孔位智能识别、孔内精准感知技术。2030 年发展考虑地质适配性的低渗煤层精准增透技术，实现瓦斯抽采增产增效；2060 年抽采技术装备智能化营造出本质安全的瓦斯抽采作业环境，保障安全生产。

（2）油气源头管控技术

采用新工艺、电气化、设备维护等技术，直接削减现有或潜在甲烷排放源。柱塞气举技术引入先进自动化控制系统和传感器，实现精准设备参数控制。电气化改造引入高效电机、变频器、节能控制系统等技术，减少能源消耗，利用自动化、物联网和人工智能技术，实现实时监测、远程控制和优化运行。零散排放源消除引入传感器和成像技术，搭建智能监测、预警、处置系统，准确快速发现零散排放源。2030 年柱塞气举等源头管控技术完成推广应用，电气化改造、零散排放源消除等源头管控技术实施范围和对象进一步拓展；2060 年重点源头管控技术完成推广应用，自动化、智能化水平进一步提升，零散源排放设备完成电气化改造。

（3）水稻水分管理技术

强化稻田水分管理，因地制宜推广稻田节水灌溉技术，缩短稻田厌氧环境时间，减少单位面积甲烷产生和排放。具体而言，明确不同生育期土壤的水分特征曲线，实现田间水分的自动化精准灌溉。水稻覆膜栽培技术结合全生物降解地膜使用，防止二次环境污染。2030 年成功建立稻田自动化精准灌溉系统并顺利运行，2060 年全国范围内大面积推广应用；2030 年因地制宜采用水稻覆膜栽培技术，2060 年实现有需求的区域全覆盖。

（4）有机物料管理技术

优化热解技术降低生物炭成本，研发小型热解设备。2030 年实现大幅降低炭化成本，2060 年在全国范围内实现生物炭施用。改进稻田施肥管理，推广有机物料腐熟还田。具体而言，推广秸秆好氧发酵和旱地还田，研制和筛选常温与耐低温（或嗜低温）的木质素和纤维素降解菌株，研发高效秸秆催腐菌剂配方产品。2030 年成功研制出耐低温秸秆促腐菌剂；2060 年高效秸秆催腐菌剂配方产品在全国得到大面积推广。

（5）水稻品种优化技术

筛选适于我国水稻主产区的丰产低碳品种并研发配套栽培技术，集成节水和覆膜等好氧栽培技术模式同时实现控草治虫。通过基因编辑、图位克隆选育籽粒产量高、综合温室气体排放低的水稻品种，同时选育推广高产、优质、节水抗旱水稻品种。根据土壤性质、气候条件筛选出地域匹配的高产量和低排放的水稻品种。2030 年成功选育出我国水稻主产区的高产低排水稻品种并探明其生理性状及遗传学机制；2060 年相关水稻品种在全国得到推广种植并建成和示范配套栽培管理技术体系。

（6）稻田复合种养技术

探明种养区和种植区的甲烷排放过程的差异及其机制。加强种养区以及稻田种植区周年甲烷排放观测，准确评估其减排潜力。2030 年全面揭示稻田复合种养系统甲烷排放规律及其与水稻单作系统的差异机制；2060 年完成我国稻田复合种养系统的推广并建成和示范配套栽培管理技术体系。

（7）高产低排畜牧品种选育技术

分析动物瘤胃液样本中的微生物群落，结合测量动物的采食量、产奶量、产甲烷量等生化特性，明确低排放动物基因属性，结合选择性育种培育甲烷排放量较低的品种，同时确保肉类品质、牛奶产量或抗病性等关键指标。2030 年初步筛选出高产低排放牛羊品种；2060 年实现高产低排放品种普遍饲喂。

（8）肠道甲烷抑制剂技术

开发肠道甲烷抑制剂，须确保技术安全性，推动肠道甲烷减排技术成熟应用。2030 年初步实现高效安全的肠道减排抑制剂的筛选；2060 年实现减排抑制剂在畜牧业大规模应用。

（9）填埋设施源头管控技术

顺应国家生活垃圾分类的大背景及减少生活垃圾填埋的政策导向，确保垃圾分类投放、分类收运和分类处理的执行力度。在进入填埋场的废弃物量逐年降低的情况下，控制进入填埋场的可降解有机物量，对封场填埋场的甲烷排放进行监测，优化填埋场填埋气导管铺设方式，规范化收集处理过程。2030 年垃圾分类由试点城市推广到全国一、二线城市；2060 年实现全国推广。

（10）化粪池原位改造技术

结合区域管网条件、水质水量特征综合判断，实施化粪池原位取消或改造。全生命周期角度估算当前城市污水处理系统超过 80%的甲烷排放源于化粪池排放，通过源头化粪池原位改造技术直接削减实现甲烷高效减排。2030 年实现 30%化粪池改造；2060 年全面实现源头化粪池改造。

4.2.3　过程控制技术发展路径

（1）油气过程控制技术

采取高效密闭密封、检测修复、装置工艺优化等减少工艺过程中甲烷排放。使用传感器和监测设备提供准确排放源、排放量、排放时间数据。改进设备、管道、阀门设计，研发高性能、长寿命、低成本的密封材料，持续开展高效密闭设计攻关，提升密封有效性和系统稳定性，确保设备长时间高效运行。LDAR 技术应结合更高灵敏度和高使用范围传感器，在高温、高压等更广泛的工况下，准确探测微小的甲烷排放，实现快速检测、快速定位和快速修复。装置工艺优化应结合过程模拟和模型优化，预测不同参数下装置运行情况。引入自动控制系统和人工智能技术，实现装置运行的自动监控和调整。提升工艺装置的气密性和耐腐蚀性，研发耐腐蚀性强的材料。2030 年利用工艺过程参数监测与优化控制技术，控制调控精细化、自动化；2060 年建成智能决策支持系统，结合数据分析和人工智能，实现全过程甲烷排放控制智能管理和优化。

（2）畜禽粪便生物炭制备及应用技术

采用热解碳化技术，利用富含纤维素和木质素的畜禽粪便制作生物炭。系统研究揭示热解制碳关键参数形成的生物炭对甲烷排放的影响，大幅降低生物炭生产成本，开发轻便化生物炭加工装备，使生产出的炭能迅速还田。2030 年实现该技术在一定比例的规模养殖场进行现场应用；2060 年实现该技术在具有适宜条件的养殖场的普遍应用。

（3）填埋处理设施填埋气规范化收集技术

规范膜下收集技术，改善填埋场覆土层氧化菌含量及活性，将未能得到收集而逸散的甲烷氧化为二氧化碳。逐步淘汰火炬燃烧的填埋气处理方式，通过集中焚烧发电技术回收甲烷能源。采用生物覆盖层等技术对已封场的老旧填埋场的甲烷无组织排放开展控排。2030

年基本实现原生垃圾零填埋，所有运行填埋场均采用排放达标的现代化模式；2060 年建成现代化垃圾分类处理体系。

（4）有机固废生物处理设施过程控制技术

有机固废厌氧消化设施通过应用预处理设施、两段式设备等工艺流程，提升甲烷产率，同时减少甲烷无组织排放。厨余垃圾堆肥设施通过翻垛通风工艺，保证堆料堆肥流程的好氧状态。研发全量收集技术并同步提高甲烷泄漏监测水平，保证环境安全和高效资源利用。2030 年计划完成技术体系的建立，甲烷泄漏率较 2020 年降低 30% 以上；2060 年建成现代化垃圾分类处理体系。

4.2.4 末端处置技术发展路径

（1）甲烷分离提纯技术

变压吸附方法在吸附剂性能、能耗、周期时间等领域继续优化。研发更高效吸附剂，提高吸附能力、选择性和稳定性。减少吸附过程损失和退化，优化吸附过程以降低能耗，降低成本，优化时间周期。2030 年通过改进吸附剂参数以及设计高效吸附床结构实现高效气体分离；2060 年将废热或废气纳入系统，实现废热回收和资源高效利用。

（2）油气末端处置技术

固定排放源回收技术需开发高效甲烷富集、回收或转化技术。施工作业气回收需开发更高效捕集技术，开发移动式甲烷气体回收装置。常规火炬放空气消除技术需提升火炬放空气回收的捕获效率，优化捕获设备设计和操作方式。对于无法回收部分，建立并持续提高火炬放空气过程仿真优化模型，优化装置在线动态仿真，通过优化燃烧设备和燃烧过程提高热放空过程燃烧效率，减少未完全燃烧产生的有害物质。2030 年基本实现油气末端甲烷排放管控；2060 年末端油气甲烷排放实现回收、转化、利用一体化。

（3）污废水处理甲烷精细化控制技术

对污废水处理生化反应过程实施参数优化模拟，降低生物反应过程甲烷排放，通过污水厂或污泥消化设施气体收集，结合生物滴滤、气提或膜工艺等处置手段，削减末端污水处理设施的甲烷排放。优化污水厂生化反应单元参数模拟，控制逸散性及溶解气体。2030 年严控污废水及污泥厌氧消化设施甲烷泄漏量；2060 年实现污废水及污泥厌氧消化设施甲烷零泄漏。

（4）厌氧甲烷氧化-反硝化技术

反硝化型甲烷厌氧氧化技术（DAMO）在厌氧环境下利用甲烷作为碳源实现异养脱氮。探究甲烷作为脱氮碳源利用的作用机理，突破工程参数控制技术（如精准曝气等）。2030年前开展更为广泛的基础和应用研究，实现中试；2060年实现工程化和产业化。

4.2.5　综合治理及利用技术发展路径

（1）甲烷蓄热氧化技术

蓄热氧化技术在掺混技术优化、废热利用等领域进行优化。确保气体达适宜浓度，充分利用废热，提高整体能源利用效率。2030年在反应器设计、蓄热装置等方面取得优化，能源效率得到提升；2060年解决废热利用问题，进一步提升能源利用效率。

（2）甲烷发电技术

低浓度甲烷内燃机发电技术需进一步提高燃烧效率，优化混合气体组成和点火过程，确保完全燃烧，减少未燃烧废气排放，提高发电效率。优化甲烷利用率，改进燃料供给系统，提高燃烧稳定性。进一步减少废气特别是氮氧化物等污染物排放。2030年燃烧效率得到提升，未燃烧废气排放量显著降低，启停过程可靠性提高，机组运行稳定性增强，满足电力系统需求；2060年甲烷内燃机发电技术与其他能源技术（如可再生能源、储能技术等）形成综合能源系统。

（3）甲烷直接燃烧技术

直接安全稳定燃烧技术基本成熟，初步实现了工程应用，在能源利用效率提升、稳定性和可靠性等方面进行完善和优化。2030年直接安全稳定燃烧技术大范围进行工业化应用，进一步提升对3%以下煤矿瓦斯的适应性，实现抽采瓦斯全浓度利用，加大对风排瓦斯安全可靠利用的研发力度；2060年完成乏风瓦斯大规模利用，实现煤矿瓦斯全浓度利用。

（4）甲烷制甲醇技术

催化剂是直接催化氧化技术的关键，寻找具有高选择性和活性的催化剂，提高甲烷氧化转化率和甲醇产率，降低副产物生成。优化反应条件，包括温度、压力、氧气流量等参数。2030年催化剂设计和性能显著提升，副产物生成得到有效抑制；2060年催化剂的性能达工业化水平，绿色甲醇合成工艺工业应用。

（5）存量填埋场综合治理技术

对现存老填埋场进行综合治理，通过注气结合渗滤液回灌，实现垃圾快速降解和稳定。通过综合治理，可使填埋场在数年时间内实现快速稳定，同时填埋气中甲烷含量降低至2%。2030年达成存量填埋场的评估与治理规划；2060年完成对存量填埋场的治理。

（6）有机废弃物能源资源回收与利用技术

对污废水和有机垃圾等有机废弃物进行高效、规范、现代化的生物处理。完善厌氧消化与好氧堆肥技术，应用有机酸制备与昆虫转化技术，实现可降解有机物稳定化，减少甲烷无组织排放。2030年实现有机废弃物处理设施覆盖全国地级及以上城市；2060年实现有机废弃物资源化处理设施覆盖全国。

（7）甲烷生产单细胞蛋白技术

利用好氧性甲烷菌将甲烷转化为高质量的单细胞蛋白可减少甲烷排放，实现低价值废弃物的高价值转化。其优点包括：适应性强，可利用废气和废水进行培养；产出蛋白质含量高，可替代饲料、食品添加剂和生物能源。然而，目前仍处于实验室阶段，大规模商业化应用需要进一步研究和开发。菌株筛选和培养条件的优化是复杂过程，成本相对较高，经济性和可行性需进一步评估。2030年实现技术基本成熟；2060年实现工业化的推广应用。

（8）减少食物浪费以减少畜牧业甲烷排放

减少食物浪费，特别是肉类和奶类的浪费以减少动物饲养量，实现动物养殖过程甲烷减量。通过提升屠宰分割环节技术水平，完善冷藏和储运设施设备，有效降低我国肉类全产业链损耗。2030年提升肉类加工技术和冷链设施设备，将零售和消费环节的人均粮食浪费减半，减少生产和供应环节的粮食损失；2060年推动加工冷链技术升级达发达国家水平，食物损失和浪费进一步降低。

（9）膳食结构优化技术

采取均衡饮食结构，提高粗粮、豆类、水果和蔬菜比例，将动物类蛋白质摄取调整为以低排放、可持续生产的禽蛋肉类为主。2030年推动经济发达地区率先开展饮食结构的调整，推荐摄取低碳足迹的饮食；2060年全国各地区饮食结构进一步优化。

5

优 先 行 动

5.1 监 测 领 域

（1）构建甲烷天空地立体监测技术体系并开展示范应用

甲烷卫星监测技术与现有卫星载荷监测成效评估。评估现有国内外高光谱卫星载荷的光谱分辨率、空间分辨率、信噪比等技术指标对甲烷浓度反演精度的影响，评估现有卫星数据的甲烷监测效果。

研发并优化甲烷浓度与排放量反演技术体系。研发甲烷最优化反演算法；建立甲烷历史数据集，研究机器学习甲烷浓度优化算法；基于全球/区域尺度大气模式和同化方法，形成甲烷排放反演技术体系。

构建甲烷排放设施库实现甲烷排放的卫星检测预警。制定全球煤炭与油气排放设施库，研发甲烷超级点源识别模型，建立甲烷点源排放的预警机制与响应规范，实现超级排放源的检测；建立基于大气模式甲烷排放量同化反演系统，构建全球甲烷排放第三方核算平台。

开展甲烷排放天空地一体化监测示范应用。选择油气和煤矿行业生产区域作为综合试验区，开展浓度与排放量探测的验证评估。

（2）研发先进卫星载荷实现全球甲烷排放核查

甲烷高精度探测载荷技术研究与卫星组网协同观测方案。建立甲烷观测系统模拟试验平台（OSSE）。开展满足 24h 内、5ppb 甲烷探测精度、源强识别 50~100kg/h 条件下，论证卫星载荷技术指标；同时评估现有载荷技术对甲烷探测满足程度，给出满足精度需求的先进载荷技术指标；研发构建低中轨相结合的卫星观测星座，实现对全球甲烷浓度与排放量的高精度、高分辨率与高频次卫星组网协同观测。

甲烷航空原位与遥感相结合探测与仪器小型化技术研究。研发航空高精度甲烷浓度测量技术与仪器，开发甲烷无人机平台小型化甲烷探测仪器，建立甲烷航空探测技术体系。

甲烷原位监测与行业甲烷监测网络技术。研发地面原位甲烷高精度监测技术与仪器，支撑背景浓度与全国主要城市甲烷监测站点建设。

甲烷浓度与排放量优化反演技术研究。研发全球卫星观测甲烷浓度高精度反演方法，研发高空间分辨率高灵敏度的卫星甲烷浓度异常快速智能识别算法。研究全球甲烷模式的传输误差，完善甲烷氧化主要去除机制以及甲烷氧化吸收等弱汇机制，减小模式的不确定性；开展全球高分辨率模型驱动模拟和反演技术研究，研发高分辨率下的甲烷排放通量优化计算方法，形成对不同排放部门甲烷排放的反演区分能力。

建成全球精细甲烷设施数据库与甲烷排放预警核查平台。构建覆盖全球煤炭、油气、畜牧及废弃物等甲烷排放源数据库，致力于甲烷排放源数据信息与数据标准化工作，研发甲烷预警核查平台。

5.2 煤炭领域

煤炭领域的甲烷控排涉及"安全-资源-环境"三重效益，煤炭领域的优先行动依然要关注深部低渗煤层和甲烷安全精准开发，同时兼顾低浓度瓦斯的安全高效利用。

（1）煤炭甲烷高效开发与智能抽采技术

深部、低渗煤层煤层气高效开发（煤炭采前）关键理论、技术与工程示范方面。开展深部煤层气赋存与开发机理研究，研发超大规模水力压裂增产技术、应力释放煤层气开发理论及技术、二氧化碳驱煤层气技术等适用于深部、低渗煤层煤炭甲烷高效开发的关键技术。探索构建工厂式钻完井模式，深部煤储层、低渗煤储层高效激励强化技术体系，以及智能化预测、作业与辅助决策系统，形成深部、低渗煤层煤层气高效开发关键技术与工程示范。

碎软、低渗煤层矿井瓦斯高效智能抽采（煤炭采中）关键理论、技术与工程示范方面。开展碎软、低渗煤层储层结构及瓦斯储运特性的基础研究，创新碎软、低渗煤层增透增流强化瓦斯抽采的理论机制，基于卸压增透、压裂增透、物理化学联合增透、生物法、驱替法，研发适用于碎软、低渗煤层瓦斯高效开发的关键技术与装备，推动大范围、均匀增透技术发展，实现煤矿瓦斯动力灾害有效防控。构建甲烷智能抽采调控模型，实现甲烷抽采泵的工作参数与各个抽采管路调控阀门开度的动态协同调控，实现精准化抽采。结合智能化矿山建设，选择典型工程案例，形成碎软、低渗煤层瓦斯高效开发与智能抽采关键技术应用示范。

煤矿采空区瓦斯精准高效抽采（煤炭采后）关键理论、技术与工程示范方面。开展煤矿采空区瓦斯富集规律和储量的精准预测与评估技术研究，基于三维地震精细勘探和数字孪生反演技术，建立煤矿采空区瓦斯运移富集精准评估方法。推动煤矿采空区瓦斯可抽性评价及精准高效抽采技术的攻关研究，构建采空区瓦斯资源评价—甜点区优选—精准高效抽采技术体系，形成煤矿采空区瓦斯精准高效抽采关键理论与技术工程示范。

煤炭开采深度采煤、采气一体化关键理论与技术体系方面。针对埋藏深度大于1500m的煤与瓦斯资源，开展采煤、采气一体化关键理论研究，突破理论瓶颈。基于现有成熟煤与瓦斯共采技术，结合不同工程条件，开展采煤、采气一体化技术体系研究，实现煤炭开采深部煤、气安全高效开采。形成"采前-采中-采后"煤炭生产生命周期甲烷高效开发抽采减排技术体系与工程示范。

（2）瓦斯安全高效利用关键理论与产业化技术

煤层瓦斯抽采提浓与安全输运理论技术方面。研究煤层瓦斯流动、抽采瓦斯浓度、抽采负压等因素间的耦合关系，揭示煤层抽采瓦斯浓度演化机制，提出瓦斯抽采系统提浓提效的动态调控方法。结合低浓度瓦斯净化、调压、浓度监测等方法，研发煤层瓦斯安全输运调控技术。

低浓度瓦斯着火理论与边界条件方面。建立低浓度瓦斯燃烧反应体系，借助密度泛函理论，解析甲烷燃烧过程中各基元反应路径，获悉相应的驻点热力学能与基元反应本征动力学参数，研究甲烷燃烧过程中关键化学反应的吸放热能量变化。结合瓦斯气体气流组织方式，计算对流传热与辐射换热的环境散热损失，探寻甲烷燃烧化学反应放热量与周围边界散热量之间的数值关系，明确低浓度瓦斯的临界着火点与着火边界条件，完善煤矿抽采低浓度瓦斯着火理论。

低浓度瓦斯安全高效利用产业化技术方面。研发瓦斯浓度实时监测、浓度提纯、安全输送、稳定利用的关键技术与装备。开展低浓度瓦斯利用技术经济与社会效益评估，构建低浓度瓦斯综合利用技术体系，形成低浓度瓦斯安全高效利用产业化技术与装备，实现低浓度瓦斯安全高效利用产业化技术应用示范。

（3）超低浓度超大流量风排瓦斯高效利用减排技术及示范工程

开展超低浓度风排瓦斯蓄热氧化技术攻关研究，创新设计低孔隙流动阻力、强热流传输、高耐热冲击的蓄热体结构，优化氧化装置结构，建立超低浓度超大流量风排瓦斯蓄热氧化的大型化设计理论与方法。开展超低浓度风排瓦斯催化氧化技术攻关研究，提出高活性、低成本、强耐毒的超低浓度瓦斯氧化高效催化剂的可控制备技术方法。研制超低浓度超大流量风排瓦斯（催化）氧化利用的关键技术及装备，推动超低浓度风排瓦斯大规模高效利用近零排放技术示范工程建设；同时探索制定涵盖风排瓦斯排放强度和排放总量的煤炭甲烷排放新标准。

5.3 油 气 领 域

（1）火炬深度熄灭工程

油气开发过程火炬气瞬时排放量大、敏感度高，为解决二氧化碳油气田、边远井、长输管道、海上平台等火炬气重点源有效管控难题，开展经济、高效、便捷的小气量火炬放空气处理回收工艺和装备关键技术攻关，突破低成本高性能吸附材料、大功率移动式压缩机组、离心式放空气回收机组等技术，研发放空气原位资源化利用技术、火炬气高效燃烧技术、可移动地面火炬技术以及多种高效互补组合利用技术，推动实现油气领域火炬深度熄灭。

（2）甲烷和挥发性有机物协同治理工程

根据国家碳达峰碳中和决策部署，协同推进减污降碳，为解决油气生产过程甲烷和VOCs 资源化回收和显著减排难题，开展低浓度、高通量甲烷排放气体资源化回收关键技术研究，突破低成本快速检测和修复、低压低气量条件下甲烷和挥发性有机物高效协同富集等技术，研发快速监测与高效修复技术、低气量甲烷和挥发性有机物协同控制与资源化回收技术，攻关形成低浓度甲烷/污染物协同减排成套技术工艺及装置，推动油气领域甲烷排放深度减排。

（3）油气甲烷系统管控工程

着眼于深层、深水、非常规（简称"两深一非"）及老油田等复杂油气田高效绿色勘探开发，为解决勘探开发过程中射孔、压裂等典型工艺带来的甲烷排放存在时间短、排放源分散等有效管控难题，开展油气开发过程施工作业气回收关键技术研究，针对试油试气、地层改造、修井作业等施工作业过程甲烷排放量变化大、压力波动大以及高压环境下施工作业防爆安全要求高等问题，突破高效气液分离、低成本甲烷捕集等技术难题，研发形成油气开发过程施工作业气系列处理回收技术，攻关形成安全、经济、高效、便捷的处理回收工艺及装备，实现复杂油气田高效绿色勘探开发过程重点甲烷排放源的有效管控。

5.4 水稻领域

（1）水稻精准控灌与品种优化协同

一方面，查明不同水稻品种正常生长的水分需求曲线，明确水稻出产区各生育期土壤的水分特征曲线，建立田间水分自动化精准灌溉系统，精准调控并计算水稻生长期各生育期的用水量，建立其与甲烷排放量的相关关系。确保水稻高产稳产，在确保水稻高产稳产的基础上筛选或选育与之相匹配的水稻品种，同时优化水稻种植密度，构建水稻管理集约化系统，实现甲烷减排与水稻丰产协同。另一方面，通过选育推广高产、优质、节水抗旱水稻品种，示范好氧种植等关键技术，形成高产低排放水稻种植模式。

（2）秸秆炭化能源化利用

秸秆炭化能源化利用，将固态产物生物炭还田降低稻田甲烷排放，生物油和生物气作为燃料或原料进行发电，实现能源替代。针对我国小田块居多现状，研发适合小规模业主的秸秆减量化设备和热裂解炭化设备。开发年消化秸秆万吨规模的热裂解炭化炉，提供农村生物质燃气能源，生产生物炭用于当地稻田甲烷减排和土壤肥力提升。开展田间联网观测试验，研究生物炭施用对于不同稻田生态系统甲烷减排的效果和限制因子。根据不同水稻生产区域的气候、土壤条件等，制定区域空间匹配的生物炭施用方案。解析生物炭在稻田长期施用的减排增汇效应、产量效应和经济环境效应。在全国水稻核心产区，如三江平原、长江中下游平原、成都平原等，建立秸秆炭化能源化利用示范基地，推广生物炭应用和稻田甲烷减排。

5.5 畜牧业领域

（1）畜禽粪便甲烷减排回收利用行动

针对畜禽粪便有机物成分复杂，粪便管理生物转化甲烷大量排放、多种污染气体共存等问题，重点研究畜禽粪便密闭处理、甲烷收集利用或处理等技术。开展厌氧发酵创新工艺研究，提高厌氧发酵产气效率，研发沼气提纯、高值转化等技术。推进沼气集中供气供热、发电上网、生物天然气车用和并入燃气管网等技术装备研发，通过回收利用降低甲烷排放。研发新型好氧发酵节能减排关键技术，研发堆肥发酵过程甲烷、氧化亚氮、氨气协同减排技术装备，进行技术的工程示范。

（2）畜禽养殖低碳减排行动

针对畜禽养殖肠道甲烷排放安全有效控制技术和产品不足等问题，重点推进高产低排放畜禽品种选育技术研发，发展基因选育技术，构建畜禽基因库，筛选与甲烷低排放相关的关键遗传指标，评估甲烷排放和动物生长的相关关系，筛选出低甲烷排放高生产力的动物品种。开发低排放饲料，提高饲料资源高效生产、使用和多样化，推动具有肠道甲烷减排潜力的新型优质饲料资源的开发；优化饲料配方，开发新型饲料处理技术，提高饲料利用率且降低甲烷产量。开发新型肠道甲烷减排添加剂，大规模筛选高效天然甲烷减排添加剂，开发靶向作用于瘤胃内甲烷合成酶的新型肠道甲烷抑制剂，实现高效减排的同时确保动物健康和动物产品安全；探索利用合成生物和精密发酵技术，实现减排抑制添加剂产品的规模生产。

5.6 废弃物领域

（1）存量填埋场综合整治行动

全国范围开展对现有填埋场基本规模、生产状态、环保管理设施的评估与排查，掌握老填埋场的垃圾来源、建设情况、填埋气产量与收集处理措施、渗滤液产量和处理情况。调研填埋场所处地区气候、人口经济，周边产业分布情况，分区域、分类别进行治理方案的评估和协同利用方案的设计，研究存量填埋场的分级管理。发展以快速稳定化技术为核心的填埋场甲烷减排技术。发展好氧稳定化技术与生物强化技术，实现填埋堆体的加速稳定。研发填埋场甲烷、氧化亚氮、二氧化碳的协同监测和减排技术。开发垃圾填埋场的漏点迅速识别定位和泄漏量评估技术。研究填埋气泄漏应急响应管控机制，提高填埋场的环境安全性和资源利用率。

（2）有机废弃物综合利用集成技术体系

发展"有机废弃物—高值化产品"转化技术，攻克多组分高效生物制备清洁能源技术、营养物质回收等资源化技术，研发特殊场景有机废物原位自消纳集成技术和装备，发展有机废弃物处理的减污降碳协同增效。发展数据驱动的循环系统优化方法和运维模式，实现对废弃物全生命周期的数据分析、可视化展示、预警提示、追溯查询。推进"分类、收集、运输、处理、回收利用"全产业链模式，打通资源循环利用的技术与管理双通道。以区域特色资源持续开发为切入点，构建以固废共享消纳、集成控制、转化利用为核心的生态链接技术发展模式。建立跨区域、跨部门联动协调机制，推动京津冀、长江经济带、粤港澳大湾区、长三角、黄河流域等国家重大战略区域的有机废弃物协同处理与回收利用。

政 策 建 议

（1）围绕甲烷管控重大国家需求，建设跨部门、跨行业的科技创新平台

建设监测、煤炭、油气、农业及环境领域的甲烷控排技术科技创新平台。发挥政府在创新平台建设中的主体作用，围绕甲烷管控的重大国家需求，统筹规划和建设不同类型、不同规模和特色的甲烷控排技术研发、创新和产业化平台。在全国布局一批甲烷监测和控排技术的重点实验室、国家工程实验室等研究机构，完善甲烷控排技术的科技创新孵化、转化，提高甲烷控排技术的转移和转化水平，根据地区特色特点，建设与地区科技资源、产业发展相吻合的甲烷控排技术产业集群，建立以各领域、各区域科技创新中心为核心的甲烷控排综合创新集合体，优化资源配置、吸引优秀人才、促进研究成果向产业转化，进一步增强国家及区域的自主创新、协同创新和国际竞争力。此外，须尽快建立和完善跨部门和跨行业的甲烷排放核算、监测、验证体系（MRV），并尽快梳理排放源现状，建立重点排放源定期排放核算报告制度。基于现有技术尽快建立政府领导、天空地一体化的甲烷监测体系，结合新技术研发逐步迭代完善 MRV 体系，推动排放数据的信息化综合管理和跨部门共享，实现我国甲烷 MRV 能力的自主可控，有效提升我国在全球甲烷管控方面的话语权。

（2）加强甲烷管控技术攻关，推动管控技术链条落地

从技术研发、试点示范、推广落地等多个角度完善甲烷管控技术研发和应用的链条。对于甲烷管控链条中仍处于实验室或研发阶段，尚不完全成熟的关键技术、颠覆性技术，应加大科技研发的支持力度，有效提升甲烷管控能力，在技术上扩展我国甲烷管控的能力范围。对于处于初步应用阶段的管控技术，应加强技术的试点和示范，通过试点进行技术迭代，通过示范形成技术应用经验，促进相关技术的推广和落地。对于处于市场化应用阶段的成熟管控技术，应结合实际和当地实际进行推广，推动技术产业化、规模化，通过技术迭代提升管控技术应用的经济效益和管控能力。对于甲烷管控技术中的"卡脖子"技术，积极推动国产设备产业化、规模化，打破国外关键设备和关键元器件的市场垄断。同时，根据技术研发成果建立和完善技术标准体系，对标国际国内先进水平，促进先进技术广泛应用，推动行业高质量发展。

（3）建立健全甲烷管控的全方位保障体系

建立健全支持甲烷管控技术研发和落地的财政、金融政策扶持体系。完善实施甲烷管控技术的财政支持体系，加大对甲烷管控关键技术及设备攻关的支持力度，推动技术研发创新、关键设备国产化和示范项目的落地。对于管控难度大、管控成本高的技术，适当提高财政资金支持的力度和稳定性。完善甲烷管控的市场保障机制，积极探索利用市场交易体系为甲烷管控提供支持。开发各行业甲烷自愿减排方法学，通过温室气体自愿减排机制，激励企业自发采取管控措施，调动企业主体积极性。同时，引导管控主体增强对甲烷管控长期性、紧迫性、重要性的认识，提升其管控意识，促使甲烷管控观念从"引导管控"到"自愿管控"的转变。

（4）加强甲烷管控国际交流与合作

加强甲烷管控国际交流与合作，对外展现中国在气候变化领域的负责任大国形象。持续开展甲烷管控的政府间对话与合作，增强我国甲烷控排领域的国际影响力，参与并引领国际甲烷管控。加强国际甲烷监测合作，推动全球甲烷排放数据共享，提高甲烷排放数据的透明度和准确度。支持"一带一路"国家和地区的甲烷管控能力建设，推动中国经验及技术在发展中国家落地。鼓励企业主体积极加入及参与油气行业气候倡议组织（OGCI）/油气甲烷伙伴关系（OGMP）等双边或多边国际平台，促进甲烷管控信息和技术共享。通过主办及合办甲烷控排合作论坛、圆桌会议等，促进国际技术交流合作。借鉴国际先进经验，积极参与制定甲烷排放控制的全球标准和最佳解决方案。开展学界、民界、商界甲烷管控国际对话，寻求国际气候合作路径，携手应对气候变化。

参 考 文 献

林而达. 2012. 减少农业甲烷排放的技术选择. 生态与农村环境学报, 9: 9-12, 58.

刘兴良. 2017. 混合制冷技术在油田伴生气处理工艺的应用研究. 化学工程与装备, (9): 160-162.

宁蕾, 傅皓. 2022. 基于 MRC 天然气液化流程能耗的影响因素分析. 化工设计, 32: 3-9, 1.

沈万军, 唐红梅, 杨森杰. 2018. MRC 制冷工艺在天然气深冷回收轻烃工艺中的应用. 中国石油和化工标准与质量, 38: 162-163, 165.

田说. 2020. 油田伴生气轻烃回收过程中低温分离法的使用. 技术与市场, 27: 115-116.

王国聪, 徐则林, 多志丽, 等. 2021. 混合制冷剂氢气液化工艺优化. 东北电力大学学报, 41: 61-70.

王凯军, 董仁杰, 罗娟, 等. 2023. 中国沼气行业的双碳贡献. 北京: 清华大学出版社.

袁灿. 2016. 某轻烃回收装置运行效果分析及改造研究. 成都: 西南石油大学硕士学位论文.

Aboagye I A, Beauchemin K A. 2019. Potential of molecular weight and structure of tannins to reduce methane emissions from ruminants: A review. Animals, 9: 856.

Ahmad H H, Matthew H A, Moinuddin A M, et al. 2023. Integrated system to reduce emissions from natural gas-fired reciprocating engines. Journal of Cleaner Production, 396: 136544.

Ahmad N, Muhammad N, Abdul Q M. 2022. Membrane-assisted natural gas liquids recovery: Process systems engineering aspects, challenges, and prospects. Chemosphere, 308: 136357.

Arndt C, Hristov A N, Price W J, et al., 2022. Full adoption of the most effective strategies to mitigate methane emissions by ruminants can help meet the 1.5 C target by 2030 but not 2050. Proceedings of the National Academy of Sciences, 119: e2111294119.

Crippa M, Guizzardi D, Muntean M, et al. 2022. EDGAR v7.0 Greenhouse Gas Emissions.

De Haas Y, Veerkamp R, De Jong G, et al. 2021. Selective breeding as a mitigation tool for methane emissions from dairy cattle. Animal, 15: 100294.

Hojat A, Manal F, Yaser K-S. 2023. Conceptual design of two novel hydrogen liquefaction processes using a multistage active magnetic refrigeration system. Applied Thermal Engineering, 230: 258663149.

IPCC. 2021. Climate Change 2021: The Physical Science Basis. Contribution of Working Group I to the Sixth Assessment Report of the Intergovernmental Panel on Climate Change. Cambridge: Cambridge University Press.

IPCC. 2022. Climate Change 2022: Mitigation of Climate Change. Contribution of Working Group III to the

Sixth Assessment Report of the Intergovernmental Panel on Climate Change. Cambridge: Cambridge University Press.

Li B F, Qi B, Guo Z Y, et al. 2023. Recent developments in the application of membrane separation technology and its challenges in oil-water separation: A review. Chemosphere, 327 (6): 38528.1-138528.15.

Lucas P L, van Vuuren D P, Olivier J G J, et al. 2007. Long-term reduction potential of non-CO_2 greenhouse gases. Environmental Science & Policy, 10: 85-103.

Ocko I B, Sun T, Shindell D, et al. 2021. Acting rapidly to deploy readily available methane mitigation measures by sector can immediately slow global warming. Environmental Research Letters, 16: DOI: 10.1088/1748-9326/abf9c8.054042.

Olczak M, Piebalgs A, Balcombe P. 2023. A global review of methane policies reveals that only 13% of emissions are covered with unclear effectiveness. One Earth, 6: 519-535.

Schneising O, Buchwitz M, Reuter M, et al. 2020. Remote sensing of methane leakage from natural gas and petroleum systems revisited. Atmospheric Chemistry and Physics, 20: DOI: 105194/acp-2020274.

UNFCCC. 2023. First global stocktake proposal by the President. Dubai. https://unfccc.int/sites/default/files/resource/cma2023_L17_adv.pdf.

Xia L, Cao L, Yang Y, et al. 2023. Integrated biochar solutions can achieve carbon-neutral staple crop production. Nature Food, 4: 236-246.

Yu H, Zhang X, Shen W, et al. 2023. A meta-analysis of ecological functions and economic benefits of co-culture models in paddy fields. Agriculture, Ecosystems & Environment, 341: 108195.

附　　录

技术创新成熟度（technology innovation readiness level，TIRL）也称技术创新就绪度，是技术满足预期产业化目标的成熟程度。技术创新就绪度评价标准把发现基本原理到实现应用与产业化并获得价值与效益的完整的创新过程划分为 13 个标准化等级，每个等级制定量化的评价细则与要素，对科研项目产业化交付物和关键技术的成熟程度进行定量评价（附表）。

附表　技术创新就绪度评价标准（一般）

<table>
<tr><td colspan="3" rowspan="2">统一度量衡</td><td>开发研究项目</td><td>举证要素／技术凭证</td></tr>
<tr><td>技术创新就绪度通用定义</td><td>里程碑的举证要素</td></tr>
<tr><td rowspan="4">显性收益</td><td>第 13 级</td><td>回报级</td><td>项目累计总收益-项目全部累计总投入（研发投入＋生产投入＋运营投入）≥0</td><td>银行账单、财务报表、销售合同、审计报告、发票、完税证明</td></tr>
<tr><td>第 12 级</td><td>利润级</td><td>项目累计总收益≥项目全部累计总投入的 50%</td><td>银行账单、财务报表、销售合同、审计报告、发票、完税证明</td></tr>
<tr><td>第 11 级</td><td>盈亏级</td><td>项目年度总收益-项目年度运营成本≥0，开始年度盈利</td><td>银行账单、财务报表、销售合同、审计报告、发票、完税证明</td></tr>
<tr><td>第 10 级</td><td>销售级</td><td>获得批量产品（可重复服务）的第一笔销售收入，销量≥盈亏平衡点数量的 30%</td><td>生产线、大批量产品、银行账单、财务报表、销售合同、审计报告、发票、完税证明</td></tr>
<tr><td rowspan="9">隐性收益</td><td>第 9 级</td><td>系统级</td><td>具备大批量产业化生产与服务条件（多次可重复），形成质量控制体系，质量检测合格，具备市场准入条件</td><td>大批量产品、质量检测结论、大批量生产条件、可重复服务条件、市场准入许可</td></tr>
<tr><td>第 8 级</td><td>产品级</td><td>完成小批量试生产并形成实际产品，产品、系统定型，工艺成熟稳定，生产与服务条件完备，能够实际使用，形成技术标准、管理标准并被使用</td><td>小批量产品、工艺归档、小批量生产条件、服务条件、实际使用效果、标准</td></tr>
<tr><td>第 7 级</td><td>环境级</td><td>工程样机系统运行、例行环境试验合格</td><td>现场实验或例行试验报告</td></tr>
<tr><td>第 6 级</td><td>正样级</td><td>功能样机演示测试合格、工艺验证可行</td><td>提出性能测试指标、测试报告</td></tr>
<tr><td>第 5 级</td><td>初样级</td><td>功能样品、图纸＋工艺设计、测试通过</td><td>提出功能测试的指标、测试报告</td></tr>
<tr><td>第 4 级</td><td>功能级</td><td>实验室内关键功能指标测试达到预期目标</td><td>实验室、实物功能模型</td></tr>
<tr><td>第 3 级</td><td>仿真级</td><td>核心技术概念模型仿真验证成功</td><td>虚拟或实物仿真概念模型</td></tr>
<tr><td>第 2 级</td><td>方案级</td><td>提出了满足需求或解决问题的技术方案</td><td>研究方案、实施方案等</td></tr>
<tr><td>第 1 级</td><td>报告级</td><td>发现新现象／新问题／新需求并提出报告（问题导向／技术推动／需求牵引＋灵感创意）</td><td>调研报告、需求报告、产业发展、市场前景等分析报告</td></tr>
</table>

各技术的技术创新就绪度与国际比较总结如附图所示。

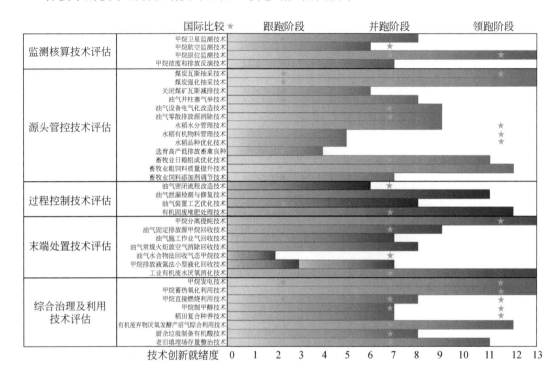

附图　甲烷管控技术创新就绪度与国际比较